DAS ARCHE NOAH-PRINZIP

MIX
Papier aus verantwor-
tungsvollen Quellen
FSC® C083411

René Anour:
Das Arche Noah-Prinzip

Cover: Bastian Welzer
Satz: Sophia Stemshorn

Gesetzt in der Premiera
Gedruckt in Deutschland

1   2   3   4   5   —   24   23   22   21

ISBN 978-3-99001-565-0

DR. RENÉ ANOUR

DAS ARCHE NOAH PRINZIP

HEILUNG AUS DEM TIERREICH

edition a

INHALT

VORWORT

EINE LIEBESERKLÄRUNG AN DIE VIELFALT

In der biblischen Geschichte über die Arche Noah wird die Welt von einer Sintflut heimgesucht, die alles unter sich begräbt. Nur Noah findet mit seiner Familie und den letzten Vertretern aller Tierarten Schutz auf der Arche, mit der er lange über die grauen Fluten treibt, ohne einen Hinweis auf ein Ende der Sintflut zu finden. Immer wieder holt Noah eine kleine Taube aus dem Inneren der Arche und geht mit ihr zum Rand des Schiffs. Während meines Veterinärmedizinstudiums hatte ich ein paarmal mit Brieftauben zu tun. Sie lassen sich ganz friedlich halten, ohne dass man fürchten muss, es mit blutenden Wunden bezahlen zu müssen, was bei Papageien oder Greifvögeln durchaus eine Gefahr darstellt. Nicht so bei Tauben. Manchmal spürt man sogar ihr Gurren unter den Händen, während man sie hält. Noah nimmt also diese kleine Taube und schickt sie über die stürmische See hinaus, auf der Suche nach Land.

Es scheint unlogisch, so ein sanftes und zerbrechliches Wesen in diese lebensfeindliche Welt hinauszuschicken, und man hinterfragt schon ein bisschen, warum Noah das tut. Er könnte einen Meeresvogel wie den Basstölpel schicken, der unterwegs Fische fangen kann, kein Süßwasser braucht und wesentlich widerstandsfähiger gegenüber Stürmen ist als jede Taube.

Und warum überhaupt einen Vogel? Südliche Seeelefanten sind so robuste Tiere, dass sie monatelang auf See überleben, ohne an Land gehen zu müssen. Und mal ehrlich, ein dreieinhalb Tonnen schwerer Bulle hätte auf der Arche auch ordentlich Platz geschaffen.

Es hätte also durchaus Optionen gegeben. Aber Noah entscheidet sich für die Taube – und tut damit auch aus wissenschaftlicher Sicht genau das Richtige. Tauben haben über Jahrtausende einen untrüglichen Orientierungssinn entwickelt, der sie das Magnetfeld der Erde auf eine Weise wahrnehmen lässt, für die wir keine Worte haben. Sie tragen kleine, starkmagnetische Kristalle unter der Haut um ihren Schnabel, deren Verlagerung einen deutlichen Reiz an ihr Gehirn schickt. Jetzt fragen Sie sich vielleicht, ob sich der Seeelefant und der Basstölpel denn nicht orientieren können.

Doch. Können sie. Zumindest der Meeresvogel wahrscheinlich genauso gut wie die Taube. Aber mit diesen beiden Tieren gibt es ein Problem. Sie haben keinen besonders guten Grund, zur Arche zurückzukehren. Die Taube schon. Sie kehrt immer wieder zu ihrem Heimatschlag zurück. Das Einzige, was Noahs Geschichte ziemlich fantastisch wirken lässt, ist die Tatsache, dass die Taube überhaupt von zu Hause wegfliegt. Eine normale Taube würde vielleicht eine kleine Runde um die Arche drehen, um nicht ins Wasser zu plumpsen, wenn Noah sie über der Reling in die Luft wirft. Dann würde sie sich aber wieder auf der Arche niederlassen und gemütlich zu Hause bleiben, egal wie sehr Noah schimpfen und mit dem Fuß aufstampfen würde.

Aber sei's drum, diese Taube ist eben besonders. Noah lässt sie immer wieder fliegen, und an dem Punkt, an dem jede Hoffnung verloren scheint, kehrt die Taube zurück. Mit einem Ölzweig im Schnabel. Dem Beweis, dass dort draußen noch etwas anderes ist als Sturm und graue See.

Mit Hoffnung.

Für mich ist Noahs Geschichte sinnbildlich für eine ganz simple Wahrheit. Das Tierreich mit all seinen Anpassungen ist ein geradezu sagenhafter Schatz, der Lösungen für viele unserer Probleme bietet. Wir müssen diesen Schatz bewahren und seine Geheimnisse kennenlernen. Tun wir das nicht, werden wir am Ende vielleicht ziellos auf einem grauen Ozean dahintreiben, ohne Hoffnung auf etwas anderes.

DER REICHTUM UNSERER GROSSELTERN

Gab es in Ihrer Kindheit jemanden, der Ihnen die Natur ein bisschen nahebrachte? Jemanden, der Ihnen einen Marienkäfer auf die Hand setzte und erzählte, was für nützliche kleine Blattlausfresser seine Larven sind, während Sie zusahen, wie der Käfer über Ihre Kinderhand krabbelte, seine Flügel spreizte und davonflog? Vielleicht hat man Ihnen auch gezeigt, wie eine Amsel singt, wie es klingt, wenn junge Meisen im Nest betteln, die Spuren eines Hasen im

Schnee, zu welcher Zeit die Karpfen laichen, oder Sie haben in einem Gurkenglas beobachtet, wie sich Kaulquappen allmählich in Frösche verwandeln – was heute schon vielerorts verboten ist.

Ich hatte dieses Glück. Als ziemlich naturbegeistertes Kind hing ich förmlich an den Lippen der Erwachsenen, die mir erzählten, wie vielfältig die Natur gewesen ist, als sie noch jünger waren. Sie erzählten mir, dass es früher ziemlich normal war, einen Wiedehopf über die Wiesen fliegen zu sehen, einen schwarz-weiß gefiederten Vogel mit orangem Federschopf, den man schon allein aufgrund seines flamboyanten Aussehens lieben muss.

In Museen sah ich ausgestopfte Exemplare riesiger Stö-re, die früher bis nach Bayern aufstiegen, um zu laichen. Man erzählte mir, dass eine Wiese von damals wenig mit einer faden Löwenzahnwiese von heute gemein hat und dass früher bei Ausfahrten die Windschutzscheiben der Autos durch die vielen toten Insekten fast undurchsichtig wurde.

Das optimistische Kind, das ich damals war, war über-zeugt, wir könnten uns diese Vielfalt zurückholen.

Der sture Mann, der ich heute bin, glaubt immer noch daran.

Aus meinem Staunen über die Natur heraus habe ich dieses Buch geschrieben. Es ist eine Liebeserklärung an die Artenvielfalt. Begleiten Sie mich auf einer Reise, die Ihnen anhand von atemberaubenden Beispielen zeigen wird, wie sehr wir die Vielfalt in der Tierwelt brauchen. Sie werden Geheimnisse über die Schätze erfahren, die in der Tierwelt verborgen sind, die so unglaublich sind, dass sie die Möglichkeit in sich tragen, unser Leben massiv zu verbessern.

Ihre Gesundheit.

Ihre Lebensdauer.

Und nicht zuletzt: Ihr Wohlbefinden (Ich würde ja See-lenheil schreiben, aber vielleicht halten Sie mich dann nicht mehr für den seriösen Wissenschaftler, der ich mich redlich bemühe zu sein).

Lassen Sie mich zuvor noch eine kleine, ganz per-sönliche Geschichte erzählen, die zeigt, dass ich leider nicht wusste, wie schnell ich selbst Geschichten von

verlorener Artenvielfalt erzählen können würde. Dass
das schon so früh in meinem Leben passierte, das ist der
traurige Teil.

WIE ICH MICH AUF DIE SUCHE NACH
EINEM KLEINEN FISCH BEGAB

In den Neunzigern war ich im Sommer oft zu Besuch bei
Freunden, die ein kleines Holzhaus im österreichischen Öt-
schergebiet hatten. Es gibt dort größere Gebiete völlig unberührten Urwalds. So unberührt, dass damals sogar wieder
eine kleine Gruppe von Braunbären durch die Berge streifte,
die leider mittlerweile alle gewildert wurden. Das Haus lag
direkt neben einem eiskalten Wildfluss, dessen Rauschen
und Gluckern das Letzte war, was wir vor dem Einschlafen
hörten. Tagsüber verbrachten wir unsere Zeit damit, Däm-
me zu bauen oder mit Luftmatratzen aus dickem Stoff den
Fluss hinunterzujagen, während unter uns Forellen und
Äschen davonstoben. Einmal bauten wir sogar ein ziemlich
spektakuläres Floß aus Treibholz, das aber schon nach der
ersten Fahrt kenterte. Immer wieder holten wir uns auch aus
dem Holzschuppen des Hauses ein paar klapprige Fahrräder,
deren Reifen wir unzählige Male geflickt hatten, und fuhren
zum nahen Lunzer See, einem idyllischen Gewässer, das von
Bergen und Wald gesäumt wurde.

Mit im Gepäck hatten wir eine Badehose – und eine ge-
finkelte Jagdvorrichtung. Es waren große Einmachgläser,
in deren Deckel wir Löcher gebohrt hatten. In den Gläsern

befanden sich ein paar Brotkrumen. Am Ufer des Sees angekommen, versenkten wir die Gläser, die an einer langen Spagatschnur hingen, im See. Was dann folgte, war für uns damals ein ziemlich aufregendes Spektakel. Der Lunzer See mit seinem kalten, glasklaren Wasser war von seinem Fischbestand her ein klassischer Alpensee, in dessen Tiefe Forellen und Seesaiblinge lebten. Der Uferbereich war jedoch von Millionen von Elritzen bevölkert, die man in manchen Regionen auch Pfrillen nennt. Elritzen sind kaum fingerlange Schwarmfische, die kaltes, sauerstoffreiches Wasser benötigen, um sich wohlzufühlen. Zur Laichzeit bekommen sie einen wunderschön roten Bauch und strömen in Scharen in die Zu- und Abflüsse der Seen, um abzulaichen.

Unsere »Elritzenfallen« funktionierten perfekt, innerhalb von Minuten bildeten sich riesige Schwärme um unsere Gläser. Immer mal wieder fand eine Elritze den Weg durch das Loch im Deckel und schwamm in das Glas hinein, dann noch eine und dann noch eine. Seltsamerweise fand kaum je eine von selbst den Ausgang. Irgendwann holten wir unsere Fanggläser wieder ein, die voll mit wimmelndem Leben waren. Wir bauten daraufhin an steinigen Uferstellen Gehege mit speziellen Verbindungsgängen für die Elritzen, ließen sie darin eine Weile herumschwimmen, ehe wir die Barrieren irgendwann öffneten, damit die kleinen Fische wieder in die Freiheit entweichen konnten.

Ich weiß, das alles mag für Sie gerade ein bisschen nach Bullerbü-Idylle klingen. War es aber auch, irgendwie.

Jedenfalls war es eine Zeit, an die ich noch immer mit sehr viel Freude zurückdenke, auch wenn wir längst erwachsen geworden sind und das kleine Holzhaus verkauft wurde.

Viel später, im Jahr 2020, fühlte ich den dringenden Bedarf nach einem Tapetenwechsel (wie Sie wahrscheinlich auch in dieser Zeit nach der ersten Corona-Welle). Also beschloss ich ziemlich spontan, einen Ausflug in die Region zu machen, die ich jahrelang nicht besucht hatte. Damit Sie ein Gefühl dafür entwickeln, würde ich vorschlagen, Sie begleiten mich einfach kurz auf meiner Reise.

Das Erste, was wir hören, ist das Rauschen von Wasser. Und dann der Geruch … Ich sage Ihnen, der Geruch ist wirklich das Eindrücklichste. Eine Mischung aus Wasser, Moos, einem Potpourri unzähliger Blüten und Kräuter, gepaart mit Nadelbaumharz. Wir betrachten Wiesen, auf denen Narzissen und wilde Orchideen stehen, und für einen Moment atmen wir auf, innerlich und äußerlich.

Jetzt, wo wir angekommen sind, lassen Sie uns zum See fahren, denselben Weg, den ich immer mit meinen Freunden genommen habe.

Am Seeufer ist es noch recht ruhig. Das Wasser liegt wie ein Spiegel vor uns. Die ersten Ausflügler kaufen sich eine Tüte Eis und machen Selfies vor der schönen Naturkulisse. Meine Hand streicht über die Holzbank, an die wir immer unsere Fahrräder gelehnt haben. Ich stelle erleichtert fest, dass alles genauso schön aussieht wie damals.

Dann schaue ich ins Wasser. Blinzle verwirrt. Schaue noch einmal.

Wenn ich die Augen schließe, sehe ich immer noch die zigtausend Elritzen, die versuchen, in unsere Fanggläser zu schwimmen. Jetzt sehe ich keine einzige.

Ein paar träge Rotaugen, die man auch Plötzen nennt, ziehen vorbei. Hat es die hier früher schon gegeben? Ich bin nicht sicher. Plötzen sind eher typisch für verkrautete Flachlandgewässer. Wenn Sie in Wien in die Alte Donau schauen oder in Berlin in die Spree, sehen Sie vielleicht welche.

Aber hier?

Ich suchte das Ufer ab, aber auch an den naturbelasseneren Stellen, wo noch Schilf wächst, fand ich keine Elritze.

Keine einzige.

Die ganze Art war aus dem See verschwunden.

Ausradiert …

Für einen Moment war mir beinahe zum Heulen zumute. Immer mehr Tagesausflügler begannen die Promenade zu bevölkern. Motorradfahrer, die den See zu ihrem Ziel gemacht hatten. Wanderer. Leute, die ein Boot mieten wollten … Für sie schien alles in bester Ordnung. Für mich war eine Kindheitserinnerung zerbrochen.

Später versuchte ich zu recherchieren, was geschehen war, und stieß tatsächlich auf einen Zeitungsartikel, der das Aussterben der Elritzen im Lunzer See behandelte.

Wenige Jahre zuvor war durch Zufall – oder durch einen unbedachten Menschen – der Hecht, ein besonders gefräßiger Raubfisch, in den See gelangt. In vergangenen Zeiten wäre er dort wohl nicht ansässig geworden, denn der Lunzer See wäre ihm schlicht zu kalt gewesen. Mittlerweile nicht mehr …

Hechte sind Fressmaschinen, und im Lunzer See gab es mehr als genug Beute. Im Jahr 2015 starb der im Lunzer See heimische Seesaibling aus. Ein Jahr später war dann auch die allerletzte Elritze aufgefressen.

Ein kleines Stückchen Vielfalt war damit verloren gegangen. Vielleicht denken Sie jetzt, dass das vergleichsweise leicht zu verschmerzen ist, und vielleicht haben Sie damit recht. Seesaiblinge und Elritzen gibt es – noch – anderswo. Die Wahrheit ist, dass wir nicht wissen können, welche speziellen Anpassungen dadurch für immer verloren sind. Vor allem von Seesaiblingen ist bekannt, dass sie sich von See zu See in Form und Aussehen ein wenig unterscheiden und eigene Unterarten bilden.

Nun kennen Sie meine Geschichte der verlorenen Vielfalt.

Was ist Ihre?

Wenn Ihnen nicht gleich etwas einfällt, erinnern Sie sich an Ihre Kindheit. Sieht es dort, wo Sie aufgewachsen sind, noch genauso aus wie damals? Welche Tiere haben Sie damals beobachtet? Kann man diese Arten dort noch heute finden? Wann haben Sie Ihre letzte Lerche singen gehört?

Erinnern Sie sich auch bitte an die verschiedenen Lebensräume in Ihrer Umgebung. Wiesen, Hecken, Bäche, Wälder … Wenn Sie in der Stadt leben, vielleicht an verwilderte Innenhöfe, alte Bäume und generell unverbaute Fläche … Hat sich seit Ihrer Kindheit etwas verändert?

Falls Ihnen nichts aufgefallen ist oder Sie vielleicht sogar Verbesserungen bemerkt haben, dann freue ich mich mit Ihnen. Leider werden viele von Ihnen das Gegenteil behaupten können.

Wir sollten die Schatztruhe der Artenvielfalt nicht kurz und klein schlagen, ohne hineingesehen zu haben. Und genau dieses Hineinsehen, das möchte ich nun mit Ihnen zusammen tun. Öffnen wir die Truhe gemeinsam! Vom Polypen bis zum Panda, holen wir ein paar ganz besondere Schätze ans Licht!

PS: Damit Sie einen besseren Überblick über die Themen in diesem Buch bekommen, habe ich Ihnen die wichtigsten Informationen am Ende der meisten Kapitel in kursiver Schrift zusammengefasst.

VON DER LANGEN GESUNDHEIT

DIE DREI MOIREN

Unsterblichkeit ist in der Natur nicht vorgesehen. Alles, was geboren wird, muss alt werden und sterben.

Oder doch nicht?

In den folgenden Kapiteln werde ich Ihnen zeigen, dass im Erbgut der Tiere und auch in dem des Menschen Mechanismen konserviert sind, die es möglich machen könnten, uns länger leben zu lassen und, was noch wichtiger ist, uns länger gesund zu halten.

Während meiner Doktorarbeit beschäftigte ich mich mit einem Gen namens *Klotho*, von dem man annahm, dass es Säugetiere länger leben lassen könnte, wenn man es beeinflusste. Forscher hatten beobachtet, dass Mäuse ohne das Klotho-Gen früher alterten und starben.

Der Name *Klotho* stammt aus der griechischen Mythologie, dort gibt es die drei sogenannten Moiren. Das sind drei eher unheimliche Schicksalsgöttinnen. Die erste, Klotho, spinnt den Lebensfaden, die zweite, Lachesis, teilt ihn zu, und die dritte, Atropos, schneidet ihn durch.

Das Bild der drei Moiren führt uns vor Augen, dass jedes Tier und jeder Mensch sterblich sein müssen und eben nur eine begrenzte Zeit auf dieser Welt zur Verfügung haben.

Tatsächlich ergab meine Forschung auch, dass das Klotho-Gen zwar eine wichtige Aufgabe erfüllt, indem es den Vitamin-D- und Kalzium-Haushalt reguliert, aber nichts mit Unsterblichkeit oder Langlebigkeit zu tun hat. Die Mäuse, denen Klotho fehlte, waren einfach nicht imstande, ihren Kalziumspiegel zu regulieren, und wirkten deshalb »verkalkt« wie sonst viel ältere Tiere.

Trotzdem hat das Tierreich ein paar ganz besondere Blüten hervorgebracht, die uns vielleicht nicht unsterblich machen, uns aber auf jeden Fall gesünder leben lassen könnten, wenn wir sie verstehen lernen. Ein paar von ihnen möchte ich Ihnen in diesem Buch vorstellen.

Eine davon – Sie werden es vielleicht nicht glauben – habe ich kürzlich in meinem eigenen Aquarium entdeckt …

HERKULES UND DIE HYDRA

Während der vielen Lockdowns in der Corona-Krise kam ich auf die Idee, mir nach vielen Jahren mal wieder ein Aquarium zuzulegen. Ich persönlich finde, es gibt nichts Entspannenderes, als zu Hause in ein schönes Aquarium zu schauen, und es gibt mittlerweile so viele Möglichkeiten, ein Aquarium auf spektakuläre Art wie einen kleinen Ausschnitt der Natur wirken zu lassen. Also nahm ich eine durchaus nicht kleine Menge Geld in die Hand und kaufte dunkle Lavasteine und riesige Treibholzstücke. Irgendwie stellte ich mir vor, das Becken sollte aussehen wie eine Quelle, die im Urwald entspringt. Deshalb bepflanzte ich die Wurzeln mit Unterwasserfarnen und Moosen und hatte wirklich viel Freude an meinem kleinen Wassergarten. Später folgte ein Schwarm Blauer Neons, die aus dem Grün herausleuchteten, und ein paar südamerikanische Buntbarsche.

Eines Tages entdeckte ich etwas Seltsames. An der Scheibe meines ansonsten sauberen Beckens klebte etwas. Als ich genauer hinsah, erkannte ich, dass es aussah wie die winzige Ausgabe einer Seeanemone, kaum so lang wie der Nagel meines kleinen Fingers. Es war ein sogenannter Süßwasserpolyp, die man auch *Hydra* nennt.

In der griechischen Mythologie ist die Hydra ein vielköpfiges Wesen, das Herkules in die Verzweiflung trieb, denn immer, wenn er einen Kopf abschlug, wuchsen drei neue nach. Ein Hinweis auf die extreme Regenerationsfähigkeit dieser faszinierenden Wesen.

Das Tier wirkte relativ unscheinbar auf mich. Und vielleicht ist es diese Unscheinbarkeit, die dafür sorgt, dass die drei Moiren kein Interesse an diesen kleinen Süßwasserpolypen zu haben scheinen.

Denn tatsächlich scheint es, als wären diese kleinen Polypen unter optimalen Bedingungen ... *unsterblich*.

Ja, Sie haben richtig gelesen. Vielleicht fragen Sie sich jetzt, wie man das denn wissen kann, und das ist eine sehr berechtigte Frage. Schließlich sind wir nicht in der Lage, etwas unendlich lang zu beobachten, und die Natur bietet nun einmal nicht immer optimale Bedingungen. Dass ein

Wesen nicht altert, heißt nicht, dass es nicht sterben kann. Ändern sich chemische Werte im Wasser, der Lichteinfall, die Temperatur, oder kommt einfach gerade eine hungrige Wasserschnecke des Wegs, nützt der Hydra ihre vermeintliche Unsterblichkeit recht wenig.

So erging es auch der Hydra in meinem Aquarium. Sie schien bereits am nächsten Tag das Zeitliche gesegnet zu haben. Ich habe meine ziemlich großen Schnecken im Verdacht.

Wir wissen also nicht, ob die Hydra wirklich ewig leben könnte, einfach weil wir ihr nicht ewig optimale Umweltbedingungen bieten können. Tatsächlich gibt es aber Forschungsgruppen, die Hydren unter optimalen Bedingungen beobachten, zumindest für eine gewisse Zeit ... Und hier sind die atemberaubenden Fakten, die man bisher entdeckt hat:

Hydren bleiben ewig jung.
Egal wie lange man sie beobachtet hat, sie zeigen keinerlei Anzeichen von Vergreisung.

Hydren regenerieren und verjüngen sich.
Sie reparieren defekte Zellen nicht, sie bilden sie aus Stammzellen einfach neu. Eine einzelne Hydra kann ihre Zellen auf diese Weise innerhalb von fünf Tagen komplett regenerieren. Jetzt verstehen wir, warum Herkules Probleme mit einem Monster hatte, das einem Süßwasserpolypen ähnelt.

Hydren können sogar Nervenzellen nachwachsen lassen. Eine Fähigkeit, die wir uns gerne von ihr abschauen würden.

Eine Hydra heilt sogar, wenn Sie sie in zwei Teile schneiden.
Wenn Sie eine Hydra zerteilen, wächst sie wieder zusammen.
Schneiden Sie ein winziges Stück aus einer Hydra heraus und
entfernen es, wächst daraus eine neue Hydra.

Sie sehen also, die Forschung hat viel zu tun, wenn es um die Hydra geht. Wenn wir die Prozesse verstehen lernen, die der Hydra diese Fähigkeiten verleihen, bietet das die Chance, unsere eigene Regenerationsfähigkeit massiv zu verbessern. Organschäden, ja, selbst solche in Gehirn und Rückenmark, könnten auf ganz neue Art und viel effektiver behandelt werden, wenn sich die uralten Regenerationsmechanismen der Süßwasserpolypen in unserem Organismus aktivieren lassen, wo sie vielleicht irgendwo unerkannt vergraben sind. Hier steht die Forschung allerdings wirklich erst am Anfang. Hydren sind nicht gerade die nächsten Verwandten des Menschen und viel einfacher gebaut als unsereins. Bis wir die geradezu magischen Fähigkeiten dieses Tiers wirklich verstehen und für uns nutzen können, wird wohl noch etwas Zeit vergehen. In der Zwischenzeit ist es sinnvoll, den Blick auf Tiere zu richten, die dem Menschen etwas näherstehen. Gibt es denn auch Gesundheitschampions, die dem Menschen ähnlicher sind als ein kleiner Süßwasserpolyp? Lassen Sie uns einen genaueren Blick darauf werfen.

KALT IST COOL!

Auch bei Wirbeltieren gibt es ein paar wirklich aufregende Beispiele für lange Lebensdauer. Die Galapagos-Riesenschildkröte Harriet wurde immerhin stolze 176 Jahre alt. Ich persönlich stelle mir das schon recht charmant vor. Midlifecrisis mit neunzig. Wenn man nach langlebigen Wirbeltieren sucht, scheint ein Blick in die Kälte zu lohnen. Tatsächlich finden sich in den eisigen Tiefen der Polarmeere wirklich ein paar herausragend spannende Organismen. Obwohl kein Wirbeltier, möchte ich den antarktischen Riesenschwamm (*Anoxycalyx joubini*) nicht unerwähnt lassen. Ich denke, Sie werden gleich verstehen, was ich an diesem bis zu zwei Meter hohen weißlichen Ding so spannend finde, obwohl es sich kaum bewegt und nur unmerklich wächst: schlicht und ergreifend, dass man Exemplare dieses Schwamms gefunden hat, die an die zehntausend Jahre alt sein sollen. Bei keinem anderen Tier wurde je so ein unglaubliches Alter beobachtet. Diese Exemplare wuchsen schon dort, als unsere Vorfahren in Felle gekleidet auf Mammutjagd gingen. Ich weiß nicht, wie es Ihnen geht, aber mein Verstand kann diese unglaubliche Zeitspanne nicht erfassen. So gut wie die gesamte Menschheitsgeschichte fällt in die Lebenszeit dieses Schwamms – und er lebt immer noch.

Für diesen Organismus hätte ein »Bis dass der Tod uns scheidet« ein ganz anderes Gewicht.

So beeindruckend das auch ist, ich habe Ihnen ja Wirbeltiere versprochen. Schließlich ist auch ein antarktischer

Tiefseeschwamm dem Menschen kaum ähnlicher als eine Hydra. Ich darf Ihnen also den absoluten Champion unter den Wirbeltieren in Sachen Langlebigkeit vorstellen: den sogenannten Grönlandhai. Er ist keine rasante Jagdmaschine wie viele andere Haie. Ganz langsam trudelt er durch die eisigen Wasser der arktischen Meere. Wenn dieser bis zu acht Meter lange, eher gemächliche Fisch eine Robbe erbeuten will, muss diese schon schlafen, damit er sie erwischt. Auf Lateinisch heißt er *Somniosus*, der Schlaftrunkene. Und hier habe ich noch etwas Besseres als »Midlife Crisis mit Neunzig« für Sie, nämlich »Pubertät mit zarten Hundertfünfzig«. Zu diesem Zeitpunkt wird der Grönlandhai nämlich *frühestens* geschlechtsreif. Man schätzt heute, dass er vierhundert Jahre alt wird, vielleicht auch deutlich älter.

Aber auch Säugetiere können in dieser eisigen Umgebung beeindruckende Lebensspannen erreichen. So konnte gezeigt werden, dass der mächtige Grönlandwal ein Alter von zweihundert Jahren erreichen kann.

Doch warum kommt es gerade in den Eismeeren zu einer Häufung langlebiger Tierarten? In vielen Fällen gilt: je höher die Stoffwechselrate, desto kürzer die Lebensspanne. Der antarktische Schwamm, der Grönlandhai und auch der Grönlandwal haben sich an ihre Umgebung angepasst, indem sie eine extrem niedrige Stoffwechselrate entwickelt haben. Denn wer in einer eisigen Umgebung zu viel Wärme verschwendet, wird sich dort kaum durchsetzen. Diese Art von Anpassungen, die die Natur hervorgebracht hat, sind ganz besonders spannend und wertvoll. Denn eine geringere Stoffwechselrate und eine damit einhergehende reduzierte Zellteilungsrate vermindern das Risiko für viele Erkrankungen massiv, allen voran Krebs.

Stellen Sie sich vor, Sie fahren mit Ihrem Auto mehrere hundert Kilometer pro Tag, Ihr Nachbar aber nur zehn. Welches Auto wird wahrscheinlich früher eine Fehlfunktion entwickeln? Genauso verhält es sich mit Zellen. Mit jeder Teilung steigt das Risiko für einen Fehler, eine ungewollte Mutation, die dann zu Krebs führen kann. Vielleicht können uns die atemberaubenden Anpassungen der Tiere in den Tiefen des Eismeers eines Tages helfen, ein gesünderes Leben zu führen.

Einige Tierarten in kalten Lebensräumen wie der Grönlandwal haben ihren Stoffwechsel so stark an die Kälte angepasst, dass sie länger leben und seltener an Krankheiten wie Krebs erkranken.

In den Tiefen des antarktischen Meeres lebt das älteste Tier der Welt: eine Gruppe Schwämme, die etwa zehntausend Jahre alt ist.

Aber wenn Sie jetzt glauben, ich habe Ihnen nun schon vom spannendsten Tier erzählt, das Forscher hinsichtlich seiner bemerkenswerten Gesundheit beschäftigt, dann irren Sie sich. Dieses Tier ist so faszinierend, dass ich mich beherrschen muss, dieses Buch nicht ihm allein zu widmen. Vergeben Sie mir, wenn es trotzdem ein paar Kapitel geworden sind, aber glauben Sie mir, Sie werden nicht für möglich halten, wozu dieses Tier fähig ist.

Eingangs sei gesagt: Genau wie bei uns Menschen sind auch im Tierreich nicht immer die Hübschesten die Spannendsten.

JENSEITS VON AFRIKA

Begleiten Sie mich jetzt bitte in die Heimat dieses besonders außergewöhnlichen Tiers. Eines Tiers, das Geheimnisse in sich trägt, die unser Verständnis von Gesundheit und Krankheit, Altern und Sterben komplett auf den Kopf stellen. Möglicherweise wird die Forschung an diesem Tier künftig verhindern, dass Sie an Krebs erkranken. Vielleicht sorgt sie dafür, dass Sie weniger Schmerzmittel brauchen oder dass Sie sich im hohen Alter noch fit und rüstig fühlen.

Ich sage ganz klar, das ist keine Science-Fiction. Dieses ganz besondere Tier macht uns jedenfalls vor, wie es geht.

Aber dazu später …

Wir befinden uns in den Halbwüsten Äthiopiens. Die Luft ist trocken, und es ist heiß. Unsere Kehle ist so ausgedörrt, dass das Schlucken schmerzt. Wir stehen auf harter, roter Erde, und ich hoffe, dass Ihre Schuhe nicht weiß sind, sonst werden Sie den Rotstich darauf nicht mehr los.

Trockenes Grasland, durchsetzt mit ein paar Büschen, so weit das Auge reicht. In der Nacht wird es allerdings empfindlich abkühlen, aber die ist noch weit weg. In der Ferne sehen wir einen äthiopischen Wolf vorbeitrotten. Sein rotes Fell leuchtet in der Sonne. Ein wunderschönes Tier …

trotzdem, nicht das, was wir suchen. Aber wo versteckt sich unser besonderes Tier denn?

Alles, was wir hier gerade sehen, die Sonne, das trockene Grasland, all das hat unser Tier noch nie zu Gesicht bekommen, obwohl es hier lebt, genau da, wo Sie und ich jetzt stehen.

Ein leises Scharren erregt unsere Aufmerksamkeit. Sobald wir uns umdrehen, sehen wir ein kleines Erdloch, aus dem gerade Erde geworfen wird. Kaum machen wir einen Schritt in die Richtung, ist wieder alles ruhig.

Ob Sie es glauben oder nicht, wir sind gerade unserem besonderen Tier begegnet. Es lebt unter der Erde, und sein unterirdischer Bau misst in jede Richtung fast einen halben Kilometer.

Unser Tier ist übrigens ein Säugetier und hat, wie auch wir, einen ganz starken Sinn für Familie.

Vorhang auf ... für den Nacktmull!

EIN SÄUGETIER WIE EINE AMEISE

Bevor ich auf die medizinischen Besonderheiten des Nacktmulls eingehe, muss ich Ihnen ein wenig von seiner Lebensweise erzählen, denn diese ist so außergewöhnlich, dass sie einen sprachlos und kopfschüttelnd zurücklässt.

Die meisten Menschen würden ihn wohl nicht als Schönheit bezeichnen. Der Nacktmull ist in etwa so groß wie eine Maus. Er hat übergroße Nagezähne, die er braucht, um die faserigen Knollen zu zerteilen, von denen er sich ernährt.

Seine rosafarbene, faltige Haut lässt ihn aussehen, als hätte er gerade eine Diät hinter sich, bei der er zwei Drittel seines Körpergewichts verloren hat. In den engen und warmen Gängen seines Zuhauses hat das jedoch große Vorteile. Weniger Fell bietet weniger Lebensraum für Parasiten, und seine Haut ist so rutschig und elastisch, dass er durch die engsten Gänge schlüpfen kann, ohne sich wehzutun, wobei er sich genauso schnell vorwärts wie rückwärts bewegen kann. Um nachts trotzdem nicht zu schnell auszukühlen, lieben Nacktmulle das gemeinsame Kuscheln.

Für uns sieht er tatsächlich völlig nackt aus, doch das ist er nicht. Seine Haut ist von feinen Sinneshaaren bedeckt, die einen ähnlichen Zweck wie die Schnurrhaare einer Katze erfüllen. Sie helfen dem Nacktmull bei der Orientierung in den dunklen Erdgängen, in denen er haust. Diese Sinneshaare braucht er auch, denn ähnlich wie heimische Maulwürfe ist der Nacktmull fast blind.

Aber nun zu den Besonderheiten. Der Nacktmull streift nämlich nicht allein durch sein finsteres Zuhause. Er lebt in einem Familienverband mit strikten Aufgaben und Rollenverteilung (dazu erzähle ich Ihnen gleich im nächsten Abschnitt noch ein spannendes Detail). Wie in jeder funktionierenden Familie wird Zusammenhalt in einer Nacktmullkolonie großgeschrieben. Und wie in jeder Familie wird auch fleißig kommuniziert, um nicht den menschlichen Ausdruck »getratscht« zu verwenden. Die unterschiedlichen Piepslaute der Nacktmulle unterscheiden sich von Kolonie zu Kolonie. Jede hat ihren eigenen Dialekt, wenn man so will.

Eine Nacktmullkolonie unterscheidet sich dann aber doch massiv von einer menschlichen Großfamilie. Sie wird nämlich, ähnlich wie bei einem Bienenvolk oder einem Ameisenstaat, von einer Königin dominiert.

Jetzt werden Sie vielleicht sagen, *bei mir in der Familie ist das doch auch so,* aber vermutlich gibt es dann doch den einen oder anderen Unterschied. Die Nacktmullkönigin ist nicht einfach nur das größte Weibchen der Kolonie. Sie bestimmt auch, welcher Dialekt dort gesprochen wird. Die Jungen haben diesen gefälligst zu lernen!

Durch einen geheimnisvollen Mechanismus, den man sich bis heute nicht erklären kann, unterdrückt sie die Fruchtbarkeit aller anderen Weibchen der Kolonie. Sie ist die Einzige, die Sex haben darf und Junge bekommen kann.

Eine sanfte Herrscherin ist sie jedenfalls nicht. Ihre »Untertanen« bekommen ihre Dominanz durchaus mal durch einen schmerzhaften Biss zu spüren. Man vermutet, dass die anderen Weibchen der Kolonie vielleicht einfach durch den Stress, den ihnen ihre »missgelaunte Chefin« bereitet, unfruchtbar werden. Erst wenn diese stirbt, entwickeln sich die Eierstöcke der anderen Weibchen weiter, und sie werden fruchtbar.

Was dann folgt, können nennen wir salopp einen Erbfolgekrieg nennen. Die stärksten Weibchen kämpfen um die Vorherrschaft, das kann durchaus auch einmal tödlich enden. Frieden kehrt erst wieder ein, wenn eine der Kandidatinnen Jungen gebiert. Hat sie das geschafft, gehört die Krone ihr, und es kehrt wieder Ruhe ein.

Sieht man von den Launen der Königin und den Unruhen um deren Nachfolge ab, geht es in einer Nacktmullkolonie allerdings sehr friedlich zu. Das gefundene Fressen, meistens nahrhafte und flüssigkeitshaltige Knollen, wird brüderlich geteilt. Alle dürfen gleichberechtigt ans Futter, nicht nur die Starken. Wer zur Kolonie gehört, genießt auch deren Schutz. Neben der Sprache erkennen Nacktmulle einander auch am Geruch. Wer also zur Familie gehören will, muss sich regelmäßig in der gemeinsamen Aborthöhle wälzen. Keine Sorge, ich bin Ihrer Meinung, dass wir uns nicht *jeden* Aspekt der Nacktmullbiologie abgucken müssen. Zu den wirklich spannenden komme ich gleich. Hier nochmal in aller Kürze:

Nacktmulle leben in den Halbwüsten Ostafrikas in weitverzweigten Gangsystemen.

Sie sind perfekt an ihre dunkle und warme Umgebung angepasst.

Obwohl sie Säugetiere sind, so wie wir auch, leben sie in Kolonien mit streng zugeteilten Aufgaben und einer Königin, so wie man es sonst nur von Insekten kennt.

31

VON KLEINEN UND GROSSEN TIEREN

Ich möchte Ihnen kurz ein paar Gesetzmäßigkeiten nahebringen, die die Lebensdauer von Tieren betreffen. Zum Ersten kann stark vereinfacht gesagt werden, kleinere Tiere haben eine höhere Stoffwechselrate und dadurch eine geringere Lebenserwartung als größere Tiere. Erinnern Sie sich noch an das Beispiel mit den beiden Autos? Bleiben wir gleich dabei! Sagen wir, jedes davon hat das Potenzial, 200.000 Kilometer gefahren zu werden, bevor es einen Totalschaden erleidet. Je nachdem, wie viel und wie schnell sie fahren, wird das Auto früher oder später den Totalschaden erleiden. Und jetzt stellen wir uns vereinfacht vor, dass Säugetiere, wiederum ganz grob gesagt, eine ähnliche Anzahl an Herzschlägen zur Verfügung haben. Die Etruskerspitzmaus ist vermutlich das kleinste Säugetier der Welt. Sie wiegt gerade mal zwei Gramm.

Das Herz der Etruskerspitzmaus schlägt durchschnittlich tausend Mal in der Minute, das kommt schon fast einem Presslufthammer nahe. Der Herzschlag des Blauwals, auf der anderen Seite der Skala, ist dagegen ein eher meditatives, dafür aber umso mächtigeres Pochen. Ganze sechs Mal schlägt sein Herz in der Minute.

Jetzt werden Sie berechtigterweise sagen, dass ich Ihnen doch gerade die winzige Hydra vorgestellt habe, die vielleicht sogar ewig leben kann. Damit haben Sie recht! Es ist wie gesagt ein eher grober Zusammenhang, funktioniert generell bei Wirbeltieren besser, und die Forschung ist ständig bemüht, das Modell zu verbessern.

Warum erzähle ich Ihnen davon? Ganz einfach, damit Sie verstehen, warum der Nacktmull so außergewöhnlich ist.

Denn während eine normale Maus maximal vier Jahre alt wird, kann der etwa gleichgroße Nacktmull locker dreißig werden. Das ist deutlich älter als eine Kuh, und die kann leicht dreihundert Mal so viel auf die Waage bringen wie der kleine Nacktmull.

Aus irgendeinem Grund lebt der Nacktmull also deutlich länger als vergleichbare Säugetiere. Warum das so ist, möchte ich mir gleich mit Ihnen ansehen.

NO TIME TO DIE

Im Jahr 1825 machte der britische Mathematiker Benjamin Gompertz eine interessante Beobachtung, die er in ein erstaunlich präzises Modell goss.

Die Beobachtung mag jetzt nicht besonders überraschen. Gompertz erkannte, dass nach dem Erwachsenwerden das Risiko zu sterben mit der Zeit steigt ... und zwar exponentiell. Kein angenehmer Gedanke, bedeutet das doch ungefähr, dass sich unser Risiko zu sterben nach dem dreißigsten Geburtstag etwa alle acht Jahre verdoppelt.

Dieses Modell funktioniert erstaunlich gut für die meisten Säugetiere. Aber wie ist das beim Nacktmull?

Auch große Tech-Konzerne haben bereits begriffen, dass die Vielfalt unseres Tierreichs eine wertvolle Ressource ist. Zumindest die Aspekte davon, die sich vielleicht zu Geld machen lassen. Die Firma Calico aus San Francisco wurde von Google gegründet, und man kann sie sich wie den Bio-tech-Arm des Megakonzerns vorstellen. Dass der Nacktmull etwas Besonderes ist, haben auch die Silicon-Valley-Milliardäre erkannt, und die von ihnen gesponserte Forschung brachte tatsächlich etwas sehr Spannendes zutage.

Das Gesetz von Gompertz scheint für den Nacktmull nicht zu gelten. Sprich, die Wahrscheinlichkeit zu sterben ist für einen sechsjährigen Nacktmull genauso hoch wie für einen zwanzigjährigen.

Drücken wir das Pi mal Daumen in Menschenjahren aus. Das würde in etwa bedeuten, dass ein Sechzigjähriger dieselben körperlichen Voraussetzungen hat wie ein Zwanzigjähriger.

Nicht schlecht, oder?

Als jemand, der in seinem Leben ziemlich viele Studien zerpflückt hat, bleiben für mich bei der Veröffentlichung von Calico durchaus ein paar kritische Fragen stehen.

So war die Anzahl der untersuchten Nacktmulle ziemlich gering. Außerdem muss klar sein, dass Nacktmulle ja trotzdem irgendwann sterben. Wenn sie gar nicht altern, woran sterben sie dann? In Gefangenschaft sind Infektionen eigentlich kein Problem, und auch der größte Feind des Nacktmulls, die rötliche Schnabelnasennatter, wird wohl eher nicht im Labor von Calico vorbeischauen.

Leider waren in der Studie von Calico zu wenig Tiere im Alter von über dreißig vorhanden, um darauf eine gute Antwort zu haben. Aber weitere Studien sind am Laufen.

Tatsächlich scheint es aber so zu sein, dass der Nacktmull einen Großteil seiner Lebenszeit nicht altert. Ganz im

Gegenteil. Die Lebensweise in der Natur stützt diese These ziemlich eindrücklich. Ältere Tiere sind oft die stärksten der Kolonien und werden vorgeschickt, um die Kolonie zu verteidigen und gegen Schlangen zu kämpfen.

Ein Nacktmull beginnt sein Erwachsenenleben meist als Amme für die Jungtiere, wird dann irgendwann zum Gräber und endet als Soldat.

Wären wir also mehr wie der Nacktmull, würden wir wohl eher unsere Siebzigjährigen zur Armee schicken und nicht die Achtzehnjährigen. Und der beste Fußballer wäre wohl nicht Kylian Mbappé, sondern vermutlich noch immer der über achtzigjährige Pelé.

Und wie steht es mit der Menopause? Fehlanzeige! Die Fruchtbarkeit der Königin nimmt sogar zu, bis sie zwanzig ist.

Doch was steckt hinter diesen im Tierreich wirklich außergewöhnlichen Leistungen? Was ist das Geheimnis des Nacktmulls? Ein Großteil davon gibt der Forschung noch immer Rätsel auf. Ein paar spannende Erkenntnisse konnte man allerdings bereits gewinnen, und diese lohnen einen genaueren Blick.

Obwohl kleine Tiere meist kürzer leben als große, übersteigt die Lebensdauer des Nacktmulls die von Tieren, die mehr als 300 Mal schwerer sind als er.

Für Säugetiere gilt: Mit zunehmendem Alter steigt das Risiko zu sterben exponentiell. Nicht für den Nacktmull. Bei dieser Art sind ältere Tiere oftmals sogar die stärksten.

KREBS? NEIN DANKE!

Wie lange können Sie die Luft anhalten? Bitte sehen Sie das nicht als Einladung, das auszuprobieren, schon gar nicht im Wasser. Wenn Sie gesund sind, wird die Antwort wohl irgendwo zwischen einer und zwei Minuten liegen. Von manchen Meeressäugern, wie dem Pottwal, wissen wir, dass sie bis zu hundert Minuten unter Wasser bleiben können, aber diese Tiere sind ja auch schließlich an ein Leben im Meer angepasst. Bemerkenswert finde ich, dass unser Nacktmull ganze 18 Minuten ohne Sauerstoff auskommt, dabei lebt er doch gar nicht im Wasser. Ganz im Gegenteil. Sein Bau liegt tief unter der Erde, doch auch dort kommt es zu ziemlich extremen Bedingungen. Der Sauerstoffgehalt ist unangenehm niedrig, die CO_2-Konzentration dafür ziemlich hoch. In den Tunneln nahe der Oberfläche kann es tagsüber unerträglich heiß werden, während es nachts oft empfindlich kalt ist.

So unwahrscheinlich es klingt, dass so lebensfeindliche Umweltbedingungen ein so vor Gesundheit strotzendes Tier hervorbringen, genau das scheint der Fall zu sein.

Die Anpassungen des Nacktmulls an seinen Lebensraum führen nämlich unter anderem dazu, dass ihm eine Geißel, unter der die Menschheit noch immer leidet, komplett erspart bleibt.

Nämlich Krebs.

Nacktmulle bekommen keine Tumore.

Keiner von ihnen.

Einzig zwei in Laboren lebende Nacktmulle, die unter für sie lebensfeindlichen Umständen gehalten wurden, haben bisher eine Art Tumor entwickelt. Das ist alles, in der Geschichte einer ganzen Spezies.

Als gelernter Tierarzt kann ich Ihnen sagen: Das ist für ein Säugetier absolut einzigartig.

Natürlich versuchen viele Forscher das Geheimnis des Nacktmulls zu knacken. Nicht auszudenken, wie viel menschliches Leid man verhindern könnte, wenn man den »Tumorschutz« des Nacktmulls eines Tages besser verstehen lernt.

Tatsächlich hat die Forschung ein paar interessante Ansätze gefunden, warum der Nacktmull gegen Tumore resistent sein könnte. Einer davon betrifft ein ganz besonderes Molekül, das Sie und ich wohl eher mit Schönheitschirurgie als mit Schutz vor Krebs verbinden.

Nacktmulle erkranken niemals an Krebs. An den Ursachen dafür wird intensiv geforscht, damit vielleicht auch wir uns vielleicht künftig besser gegen Tumore schützen lernen.

DAS SUPER-HYALURON

Vielleicht haben Sie schon mal von Hyaluronsäure gehört. Wahrscheinlich – leider – am ehesten im Zusammenhang mit Kosmetikprodukten und Schönheitschirurgie.

Dabei ist sie ein wahres Wundermolekül, das in unserem Körper viele wichtige Funktionen erfüllt.

Die eindrucksvollste Fähigkeit der Hyaluronsäure ist ihre Fähigkeit, Wasser zu binden. Deshalb ist sie auch ein so wichtiger Bestandteil unseres Bindegewebes.

Was würden Sie schätzen, wie viel Wasser ein Gramm Hyaluronsäure binden kann? Einfach aus dem Bauch heraus?

Es sind unglaublicherweise bis zu sechs Liter Wasser.

Dieses besondere Molekül brauchen wir an vielen Stellen unseres Körpers. Im Bindegewebe schützt es unsere Zellen vor Druckeinwirkung. Weil es den Raum zwischen den Geweben »offen hält«, können beispielsweise Immunzellen leichter dorthin wandern, wo sie gebraucht werden.

In der Synovia, der Gelenksflüssigkeit, erfüllt es eine wichtige Rolle als Schmiermittel und wird daher immer wieder auch bei Gelenksbeschwerden therapeutisch angewandt.

Sie erfüllt auch eine wichtige Rolle bei der Bildung von Knorpel an sich, und im Nervensystem scheint sie die Bildung schützender Markscheiden um Nervenfasern zu unterstützen.

Wenn Sie das jetzt alles gelesen haben, fragen Sie sich wahrscheinlich zu Recht, wo da jetzt Tumore vorkommen.

Richtig: nirgends!

Ich habe Ihnen gerade von der natürlicherweise im menschlichen Körper vorkommenden Hyaluronsäure erzählt.

Werfen wir jetzt einen Blick auf die Hyaluronsäure des Nacktmulls.

Hyaluronsäure ist ein wichtiger Bestandteil unseres Körpers. Sie speichert unglaubliche Mengen an Wasser und ist wichtiger Bestandteil unseres Bindegewebes und unserer Gelenke.

Wenn der Nacktmull durch seine engen Gänge krabbelt und sich immer wieder an ein paar Artgenossen vorbeiquetschen muss, die gerade mit Graben beschäftigt sind, ist eines natürlich wichtig: Seine Haut und auch sein Körper müssen möglichst elastisch sein.

Sein Geheimnis? Hyaluronsäure! Aber nicht einfach irgendeine.

Für seine Lebensweise musste sich der Nacktmull so radikal anpassen, dass sein Organismus eine »aufgemotzte« Version der Hyaluronsäure entwickeln konnte. Nennen wir sie der Einfachheit halber »Super-Hyaluronsäure«.

Im Fachblatt *Nature*, der wohl renommiertesten Wissenschaftszeitschrift auf diesem Planeten, erschien kürzlich ein spannender Artikel über die Super-Hyaluronsäure des Nacktmulls.

Diese ist sage und schreibe fünf Mal so schwer wie herkömmliche Hyaluronsäure, und sie hat ein paar richtig spannende Eigenschaften.

Im Test schützt sie nicht nur die Zellen des Nacktmulls sondern auch menschliche Zellen besser vor Stress und Zelltod als unsere eigene Hyaluronsäure. Zusätzlich aktiviert sie einen Zellrezeptor namens CD44, von dem wir wissen, dass er eine Rolle bei der Früherkennung und Bekämpfung von Tumoren einnimmt. Diese Ergebnisse lassen auf jeden Fall auf weitere Studien hoffen.

Denn wie hoch der Anteil der Super-Hyaluronsäure des Nacktmulls an seiner Tumorresistenz ist, muss definitiv noch weiter erforscht werden. Fest steht, dass dieses Molekül erheblich mehr kann als Lippen zu vergrößern und Falten auszupolstern.

Der Nacktmull produziert eine Hyaluronsäure, die fünf Mal so schwer ist wie die anderer Säugetiere.

Er braucht sie, um seine Haut elastisch genug zu halten, damit er sich auch durch enge Gänge quetschen kann.
Diese Super-Hyaluronsäure schützt ihn aber auch vor Krebs und bewahrt seine Zellen vor Schäden durch Stress.

FLEISSIGE SYMBIONTEN

Haben Sie schon mal von Mitochondrien gehört? Das sind winzige Bestandteile Ihrer Zellen. Man bezeichnet sie gerne als Zellkraftwerke, weil sie für die Energieproduktion zuständig sind. Mitochondrien sind bemerkenswerte kleine Dinger. Unabhängig von unserer Erbinformation im Zellkern, die im Prinzip eine Mischung aus der DNA unserer Eltern ist, tragen Mitochondrien ihre eigene Erbinformation in sich, die sich durch Fortpflanzung nicht verändert. Ihre Mitochondrien enthalten dieselbe DNA wie die Mitochondrien Ihrer Mutter und deren Mutter und deren Mutter. Durch Analyse dieser *mitochondrialen DNA* können wir sehr weit in die Vergangenheit unserer mütterlichen Vorfahren zurückschauen.

Spannenderweise sehen Mitochondrien eigentlich genauso aus wie Bakterien. Man vermutet, dass sie vor Urzeiten die ersten Einzeller befallen haben und mit der Zeit eine Symbiose mit ihnen eingegangen sind. Es wird sogar vermutet, dass erst durch diesen Schritt komplexeres, vielzelliges Leben auf unserem Planeten möglich wurde.

Mich versetzt dieser Gedanke jedes Mal in Staunen. Stellen Sie sich vor: Jeder von uns – auch Sie und ich – tragen die Spuren dieser uralten Symbiose in uns. Ein paar tausend Mitochondrien, in fast jeder einzelnen Zelle ...

Aber ich schweife ab, schließlich wollen wir ja die Besonderheit des Nacktmulls besser verstehen lernen.

Sehen wir uns dazu normale Säugetierzellen an und vergleichen wir sie mit denen des Nacktmulls.

Eine Gefahr für Zellen jeder Art ist Stress. Aber was bedeutet das? Sie können sich denken, dass es nicht heißt, dass die Zelle einen anstrengenden Chef hat oder alleinerziehende Mutter von drei Kindern ist. Mit Stress meint man in der Zellbiologie hauptsächlich, dass sie sich gegen reaktive Sauerstoffverbindungen wie Wasserstoffperoxid schützen muss. Diese Verbindung kennen Sie als die ätzend riechende Paste, mit der man sich die Haare bleicht.

Diese Moleküle sind sehr aggressiv, können Schäden an der DNA erzeugen und führen zur Zellalterung.

Leider kommen wir nicht ohne diese »ROS« (*reactive oxygen species*) aus. Sie sind ein unliebsames Nebenprodukt der Energiegewinnung in den Mitochondrien. Und unter Umständen liegt hier auch der Hund begraben, warum eine langsamere Stoffwechselrate, wie bei den Tieren in den

Eismeeren, von denen ich Ihnen erzählt habe, oft für ein langes Leben in Gesundheit sorgt.

Aber beim Nacktmull kommt noch ein anderer hilfreicher Mechanismus hinzu. Sie produzieren nämlich überhaupt nicht weniger schädliche Sauerstoffverbindungen wie die Zellen anderer Säuger, doch können sie bis zu viermal mehr dieser Abfallprodukte aufnehmen und auf bisher ungeklärte Weise unschädlich machen, sodass sie der Zelle nicht schaden. Setzt man seine Mitochondrien einem Sauerstoffmangel aus, wie das zum Beispiel bei einem Schlaganfall im Hirngewebe passiert, bleiben die Mitochondrien des Nacktmulls ebenfalls erstaunlich heil und setzen die Energieproduktion munter fort, wenn das Blut wieder Sauerstoff heranschafft. Vielleicht ist Letzteres ja eine Anpassung an den geringen Sauerstoffgehalt im Bau des Nacktmulls. Wer mit so fleißigen Symbionten gesegnet ist, den wirft wohl nichts so leicht aus der Bahn.

Mitochondrien sind die Kraftwerke unserer Zellen.

Mitochondrien des Nacktmulls können mehr schädliche Sauerstoffverbindungen aufnehmen und verhindern dadurch DNA-Schäden.

Nacktmullmitochondrien überstehen auch einen Durchblutungsmangel und das Fehlen von Sauerstoff relativ unversehrt und versorgen die Zelle wieder mit Energie, sobald wieder Sauerstoff zur Verfügung steht.

NO PAIN MUCH GAIN

Nehmen wir an, Ihnen würde heute eine gute Fee erscheinen, die Ihnen ein interessantes Angebot macht.

Sie bietet Ihnen an, dass Sie fortan keinen Schmerz mehr spüren werden.

Verständlicherweise macht Sie das misstrauisch.

»Liebe Fee«, erklären Sie möglichst diplomatisch, »ich bin da ein wenig vorsichtig. Hinter diesem Angebot könnten sich ein paar Fallstricke verbergen. Zum einen: Ein Toter spürt auch keinen Schmerz, und selbst wenn es gar nicht Ihre Intention ist, mich umzubringen, erfüllt Schmerz doch einen biologischen Zweck. Er sagt mir ganz klar, wenn etwas nicht in Ordnung ist. Ich sollte doch merken, wenn meine Hand auf einer heißen Herdplatte liegt. Außerdem, wenn ich keinen Schmerz spüre, fühle ich dann gar keinen Reiz mehr? Merke ich dann gar nicht mehr, wenn ich jemanden berühre oder berührt werde? Das ist mir schon wichtig. Sie verstehen, sonst bekomme ich Schwierigkeiten mit meinem Partner/meiner Partnerin.«

Die Fee rollt mit den Augen und flattert beleidigt auf und ab.

»Als hätte ich mir darüber keine Gedanken gemacht«, meint sie verschnupft. »Aber ich würde vorschlagen, sprich einfach mit einem meiner Kunden und mach dir selbst ein Bild.«

Die gute Fee – nennen wir sie der Einfachheit halber Evolution – schnippt uns, Sie werden es vermutlich erraten, in einen Nacktmullbau … und das nicht umsonst. Im Vergleich zum Menschen fehlt ihm nämlich etwas ganz Essenzielles:

Schmerz.

Warum genau es nötig war, dass der Nacktmull sich auf diese Weise angepasst hat, ist Gegenstand von Diskussionen. Vielleicht wäre eine schmerzempfindliche Haut schlicht und ergreifend unpraktisch, wenn man damit ständig an rauer Erde und kleinen Steinen vorbeischabt, sodass Unempfindlichkeit einfach zum evolutionären Vorteil wurde.

Dass der Nacktmull keinen Schmerz empfindet, heißt übrigens nicht, dass er gar nichts spürt. Er spürt Stiche oder Verbrennungen und kann darauf reagieren. Sie tun ihm nur nicht weh. Das mag für uns schwer vorzustellen sein, ist für diesen kleinen Nager allerdings Alltag.

Während man nicht sicher ist, warum sich der Nacktmull den Schmerz über die Jahrtausende abgewöhnt hat, hat man eine ziemlich genaue Idee, wie seine Schmerzresistenz biologisch funktioniert.

Ihm fehlt die sogenannte Substanz P. Substanz P ist ein Botenstoff für unsere Nerven, ein sogenannter Neurotransmitter. Das bedeutet in diesem Fall, das Molekül hilft bei der Weiterleitung eines Schmerzreizes an die Nerven. Außerdem spielt Substanz P eine wichtige Rolle bei Entzündungsvorgängen.

Es ist noch nicht genau geklärt, wie der Nacktmull so ganz ohne Substanz P klarkommt, immerhin ist diese auch für die Immunantwort wichtig. (Eine Entzündung ist ja eine Immunreaktion.) Aber offenbar fährt er ganz gut ohne sie.

Auch interessant: Wenn Sie gesunden Erwachsenen zusätzlich Substanz P injizieren, reagieren diese, verglichen mit Placebo, vermehrt mit Anspannung und Angst. Auch bei klinisch schwer depressiven Menschen wurden erhöhte Spiegel von Substanz P gemessen. Faszinierenderweise scheint es so, als würden sich seelischer und körperlicher Schmerz zumindest in mancher Hinsicht mehr ähneln, als wir bisher gedacht haben.

Ein Vorbild aus dem Tierreich hilft uns also auch hier, unseren eigenen Organismus besser verstehen zu lernen und seine Krankheiten zu behandeln.

Der Nackmull empfindet keinen Schmerz.

Ihm fehlt ein spezieller Botenstoff namens Substanz P, der Schmerzweiterleitung und Immunreaktionen koordiniert und spannenderweise auch zu mehr Anspannung und Angst führen kann.

ALLES IN ALLEM

In den vorigen Kapiteln habe ich versucht, Ihnen darzulegen, was den Nacktmull so besonders macht und wie wir versuchen, seine Geheimnisse zu erforschen, um dadurch auch unsere eigene Gesundheit erhalten zu können. Mir ist wichtig zu sagen, dass es hier noch viele weitere Besonderheiten gibt, die erforscht werden, wie zum Beispiel dass die Darmflora des Nacktmulls der von besonders langlebigen Menschen im japanischen Okinawa ähnelt, wo es auffällig viele Hundertjährige gibt. Wie eingangs gesagt, ich musste mich beherrschen, diesem faszinierenden Tier nicht ein ganzes Buch zu widmen und nur ein paar seiner Besonderheiten herauszupicken. Nehmen Sie also bitte mit, dass dieser kleine Nager eine Vielfalt von Anpassungen in sich trägt, von denen wir einige vermutlich noch gar nicht entdeckt haben, die in harmonischem Zusammenspiel dafür sorgen, dass der Nacktmull kaum altert und nicht an Krebs erkrankt. Er ist ein wunderbares Beispiel dafür, wie wir durch bloße Neugier an einem anderen Lebewesen viel über die Geheimnisse unseres eigenen Körpers lernen können.

In diesem Sinne lassen wir die Halbwüsten Ostafrikas nun hinter uns und werfen einen Blick darauf, wie andere Tierarten mit ihren Anpassungen unser Leben verbessern können.

MAGISCHE ANPASSUNGEN

Im vorigen Buch haben wir bereits eine Zehenspitze in den Ozean heilsamer tierischer Anpassungen getaucht. Verlassen wir nun das Thema der langen Gesundheit und werfen wir einen Blick auf Anpassungen, die uns auf ganz andere Weise helfen können. Unser Planet ist ein Ort der Gegensätze. Wüsten, Tundren, Wälder, Gebirge und tiefe Ozeane sind nur ein paar Beispiele für die unterschiedlichen Lebensräume, die er uns bietet. Um neue Lebensräume zu erschließen, haben Tiere die unterschiedlichsten Strategien entwickelt und körperliche Anpassungen durchlaufen. Manche dieser Anpassungen sind so extrem und, ja, genial, dass sie immer mehr in den Fokus unseres Interesses rücken. Beginnen wir mit einem Tier, das Sie mit Sicherheit kennen und wahrscheinlich auch mögen. Der guten, alten Kuh.

DAS MINIUNIVERSUM DES PANSENS

Kühe sind Wiederkäuer. Zu dieser Gruppe gehören auch Ziegen, Schafe und natürlich auch Wildtiere wie Antilopen, Bisons, Hirsche und viele mehr.

Viele von Ihnen wissen, dass der Name sich auf das Verhalten der Tiere bezieht, gemütlich herumzuliegen, das bereits gefressene Pflanzenmaterial hochzuwürgen und in aller Ruhe zu wiederzukäuen, bevor es wieder geschluckt wird. Warum tun Wiederkäuer das? Im Prinzip kann ich diese Frage mit einer weiteren Frage beantworten.

»Können Sie Gras fressen?«

Wahrscheinlich könnten Sie sich dazu zwingen, ein paar Halme zu schlucken. Viel hätten Sie aber nicht davon. Gras besteht zu einem Großteil aus Zellulose, und die kann unser Verdauungstrakt nicht aufschließen. Das Gras würde uns also ziemlich schwer im Magen liegen, und irgendwann würden wir es ziemlich unverändert wieder ausscheiden.

Um aus diesen pflanzlichen Materialien Energie zu gewinnen, brauchte es ein paar ganz besondere Anpassungen, und diese könnten uns in der heutigen Welt bei einem riesigen Problem helfen, das uns alle betrifft.

Lassen Sie mich Ihnen aber vorher noch kurz von der »Magie« der Wiederkäuerverdauung erzählen.

WARUM KÜHE FLEISCHFRESSER SIND

Kühe und alle anderen Wiederkäuer sind Fleischfresser.

Sind Sie anderer Meinung?

Ich werde Ihnen gleich erklären, warum ich das behaupte.

Die Kuh verfügt über drei Vormägen, die die Nahrung erst durchläuft, bevor sie dann in den eigentlichen Magen weitertransportiert wird. Und gerade diese Vormägen verdienen unsere Aufmerksamkeit.

Der größte von ihnen ist der sogenannte Pansen. Im Pansen befindet sich eine grünbräunliche Flüssigkeit. Sie denken jetzt vielleicht an Magensäure, aber der sogenannte Pansensaft ist nichts dergleichen. In den Vormägen herrscht ein pH-Wert von 5,8 bis 7,2. Das ist nur leicht sauer bis neutral.

Warum ist das so? Wir können uns die drei Vormägen wie eine riesige Fermentierkammer vorstellen. Fermentieren bedeutet, dass organisches Material durch Mikroorganismen zum Zweck der Energiegewinnung umgewandelt wird. Wir Menschen machen uns diesen Prozess in vielerlei Hinsicht zunutze. Zum Beispiel bei der Herstellung vieler alkoholischer Getränke, zum Beispiel von Bier oder Wein, aber auch bei der Herstellung von Sauerkraut, Joghurt, Käse, Kimchi und vielen anderen Lebensmitteln. Fermentierte Lebensmittel werden durch diese mikrobielle Umwandlung haltbarer und gelten in vielen Fällen übrigens auch als gesund. Lassen wir den Alkohol hier mal beiseite.

Und da die Kuh gerne etwas extrem schwer Verdauliches, nämlich die Zellulose im Gras, verdauen möchte, trägt sie ihre eigene Fermentierkammer im Bauch herum, ihre Vormägen. In diesen befindet sich eine Unzahl von Bakterien, Pilzen und Einzellern. Sie bewohnen den Pansensaft in unfassbarer Menge.

Mithilfe diverser Enzyme können sie die Zellulose aufbrechen und wandeln sie in für das Rind verdauliche Substanzen um. Das sind zum einen kurzkettige Fettsäuren, die sich das Rind gleich durch die Pansenwand holt, aber auch Proteine ... und die bekommt das Rind, Sie ahnen es vielleicht, indem es die Mikroorganismen verdaut, die in den eigentlichen Magen und den Darm weitertransportiert werden. Daher könnte man also tatsächlich von fleischfressenden Kühen sprechen. Aber auch für die Mikroorganismen im Pansen funktioniert der Deal. Sie finden dort eine so perfekte Umgebung vor, dass sie sich hervorragend vermehren können und die paar verdauten Artgenossen kaum ins Gewicht fallen.

Wiederkäuer wie Kühe besitzen drei Vormägen, die wie riesige Fermentationskammern funktionieren.

Durch diese Vormägen haben sie die Fähigkeit entwickelt, schwer verdauliche Nahrung, wie Gras, zu nutzen.

Unzählige Mikroorganismen sind im größten Vormagen, dem Pansen, im Einsatz und brechen mit speziellen Enzymen die schwer verdauliche Zellulose in den Grashalmen auf.

Das Rind ernährt sich einerseits von den Produkten und Ausscheidungen der Mikroorganismen, gewinnt aber auch Protein, indem es einen Teil der Mikroorganismen selbst verdaut. Die Kuh ist also irgendwie auch ein Fleischfresser.

MAGISCHER PANSENSAFT

Für einen Veterinär ist der Pansensaft von großer Bedeutung, da er viel über die Gesundheit des Wiederkäuers verrät. Stimmt etwas mit der Verdauung des Tiers nicht, wirft man einen genaueren Blick darauf, um zu sehen, was aus dem Gleichgewicht geraten ist. Man beurteilt seinen Geruch, die Konsistenz, die Farbe, und blickt durch das Mikroskop, um nachzusehen, ob die Mikroorganismen darin munter sind und im richtigen Verhältnis vorkommen.

Während meiner Doktorarbeit unterrichtete ich auch Veterinärmedizinstudenten im Fach Physiologie. Dazu gehörte auch, dass sie lernten, den Pansensaft richtig zu beurteilen.

Ich konnte mir nicht verkneifen, ihnen am Anfang der Einheit zu erklären, dass es auch Teil der grobsinnlichen Beurteilung des Pansensafts ist, diesen zu kosten. Leider habe ich die erschrockenen Mienen der Studentinnen und Studenten nie fotografiert. Der Schrecken wurde aber oft schnell zur Faszination, spätestens wenn wir uns das wimmelnde Leben im Pansensaft unter dem Mikroskop ansahen. Manche der Einzeller sind so groß, dass man sogar mit freiem Auge erkennt, dass sich etwas im Pansensaft bewegt, wenn man genau hinsieht.

Ein tatsächlicher Teil der Beurteilung ist übrigens der Geruch.

In den Lehrbüchern steht, gesunder Pansensaft würde »aromatisch« und »nach Heu« riechen.

Das ist eine Beschönigung. Um ehrlich zu sein: Für mich riecht auch der gesündeste Pansensaft einfach nach Kuhfladen. Aber wenn etwas nicht stimmt, dann riecht er wirklich abstoßend, entweder säuerlich oder faulig, und dann geht es auch den kleinen Helfern darin an den Kragen. Wenn der Pansen aus dem Gleichgewicht gerät, dann kann das einen Wiederkäuer das Leben kosten.

Es handelt sich um ein sensibles Gleichgewicht, und nun werde ich Ihnen endlich verraten, welche erstaunlichen Fähigkeiten der Pansensaft und die vielen Organismen darin noch besitzen.

Eine Beurteilung des Pansensafts – seine Farbe, sein Geruch, die Art und Zahl der Mikroorganismen darin – kann Aufschluss über die Gesundheit einer Kuh geben.

Gerät der Pansen aus dem Gleichgewicht, kann das für einen Wiederkäuer lebensbedrohlich werden.

LIFE IN PLASTIC, NOT FANTASTIC

Auf der Erde haben wir ein massives Problem mit Plastik. Was es für uns so praktisch macht, seine Haltbarkeit, stellt uns auch vor ein riesiges Problem. Plastik gelangt überallhin, zersetzt sich aber nicht. Auf den Ozeanen entstehen riesige Plastikteppiche wie der *Great Pacific Garbage Patch*. Mit 1,6 Millionen Quadratkilometern ist er etwa viermal so groß wie Deutschland. Weil Plastik sich nicht abbaut, wird es mit der Zeit zu Mikroplastikpartikeln zerrieben, die bereits von kleinsten Organismen wie Plankton aufgenommen werden und sich in der Nahrungskette anreichern, in den Tieren, die wir essen, dem Wasser, das wir trinken, sogar in der Luft, die wir atmen. Und natürlich auch in uns.

Eine Untersuchung der University of Newcastle hat errechnet, dass Menschen im globalen Durchschnitt fünf Gramm Mikroplastik zu sich nehmen ... pro Woche! Das ist in etwa so, als würden wir uns einmal die Woche zu Tisch setzen und eine Kreditkarte verspeisen. Prost Mahlzeit!

Momentan ist noch unklar, welche Auswirkungen Mikroplastik auf unsere Gesundheit hat. Mir jedenfalls wäre wohler, wenn wir es gar nicht entstehen lassen würden. Wäre es nicht toll, wenn Plastik einfach verrotten und sich zersetzen würde, wie eine Bananenschale, die jemand achtlos in den Wald wirft?

Und vielleicht liefert uns niemand anderes als die gute alte Kuh das Werkzeug, wie das gehen könnte. Das Geheimnis liegt, wie angekündigt, im Pansensaft.

Ein Forscherteam der Universität für Bodenkultur in Wien präsentierte kürzlich ein bemerkenswertes Experiment. Sie wussten, dass bestimmte Bakterien die Fähigkeit besitzen, Kunststoffe zu zersetzen. Allerdings, leider, in ziemlich geringem Ausmaß. Ihre Überlegung ging in die Richtung, dass es auch in der Natur kunststoffähnliche Substanzen gab, und da Wiederkäuer diese verdauen konnten, möglicherweise mehr möglich sein könnte. Eine dieser Substanzen nennt man übrigens Cutin, und man findet sie zum Beispiel in der Wachshaut von Äpfeln.

Das Forscherteam untersuchte daraufhin die Fähigkeit des Pansensafts, Plastik zu zersetzen, und stellte verblüfft fest, dass dieser sogar die Fähigkeit besitzt, das besonders stabile Polyethylenterephthalat (PET), das Sie als den Hauptbestandteil von Plastikflaschen kennen, anzugreifen.

Es scheint, als würden die unzähligen Arten von Mikroorganismen, die im Pansen leben, und die Enzyme, die sie bilden, in ihrem einzigartigen Zusammenwirken diesen beeindruckenden Effekt erzielen.

Die Möglichkeiten sind auf jeden Fall interessant, denn jetzt gilt es herauszufinden, welche der vielen Mikroorganismen so effektiv zusammenarbeiten und welche ihrer Enzyme den Kunststoff hier angreifen.

Gelingt das, erschließt sich die Möglichkeit, die Mikroorganismen in Kultur zu züchten und ihre Stoffwechselprodukte herzustellen. Auf diese Weise wäre es auf einmal möglich, einen gänzlich neuen, umweltfreundlichen Recyclingvorgang zu etablieren. Prinzipiell könnte man natürlich auch den Pansensaft direkt einsetzen. Denn dieser »Wundersaft« landet bei der Schlachtung – Sie ahnen es – einfach im Abfall.

Plastikmüll ist ein globales Problem. Da es sich nicht zersetzt, ist bereits ein Großteil der Weltmeere damit verschmutzt.

Global nehmen Menschen im Schnitt fünf Gramm Mikroplastik pro Woche zu sich. Das entspricht etwa einer Kreditkarte.

Im Pansensaft leben Mikroorganismen, die Kunststoff zersetzen können, selbst das superstabile PET.

Diese Erkenntnis könnte in Zukunft für umweltfreundliches Plastik-Recycling genutzt werden.

PANDA-POWER STATT ANTIBIOTIKA

Was haben ein Panda, ein Komodowaran und eine Python gemeinsam?

Was wie ein schlechter Witz beginnt, ist tatsächlich ein ziemlich spannender Zusammenhang. Bevor wir aber zur Auflösung kommen, lassen Sie uns eine Reise zu den Pandas in ihre Bambuswälder unternehmen. Pandas sind in vieler Hinsicht besondere Tiere, nicht nur wegen ihres schönen schwarz-weiß gemusterten Fells. Sie ernähren sich fast ausschließlich von Bambus, den kaum ein anderes Säugetier effizient zu verdauen vermag. Da Bambus einen richtigen Bären nur schwer sattmacht, brauchen die Bären natürlich raue Mengen davon, das heißt, sie leben nur dort, wo es ausreichend davon gibt. Das ist tatsächlich nur noch an recht wenigen Orten der Fall. Zusätzlich beanspruchen Pandas große Reviere, das heißt, sie kommen selbst in geeigneten Lebensräumen nur in sehr geringer Dichte vor. Außerdem ist der Panda alles andere als fortpflanzungsfreudig.

Als ich mich einmal mit einer Kollegin über die speziellen Anpassungen des Pandas unterhielt, die klarmachen, wie eng die ökologische Nische ist, die er besetzt, schüttelte diese nur ungläubig den Kopf.

»Man könnte fast glauben, er *will* aussterben.«

Dieser Ausspruch war natürlich nicht ernst gemeint, verdeutlicht aber, wie anfällig der Panda aufgrund seiner speziellen Anpassungen für Lebensraumzerstörung ist und wie sehr wir uns weiterhin anstrengen müssen, damit auch künftige Generationen diese wundervollen Tiere in freier Wildbahn bewundern können.

Vieles von dem, was ich Ihnen gerade erzählt habe, haben Sie vielleicht schon gewusst. Aber vielleicht kann ich Sie selbst bei einem bekannten Tier wie dem Panda noch überraschen.

Verabschieden wir uns einen Moment von den Bambuswäldern Chinas und kehren wir nach Hause zurück. Ein wachsendes Problem, mit dem sich die Medizin auseinandersetzt, sind Resistenzen gegen Antibiotika. Da die Antibiotika bei der Behandlung von Infekten von Tier und Mensch eingesetzt werden, gelingt es Bakterienstämmen immer öfter, sich anzupassen und Mutationen zu entwickeln, die sie irgendwann auch gegen die letzten Reservestoffe, die wir haben, resistent machen. Diese resistenten Bakterien verursachen schon jetzt auch in unseren Breiten schwerste Infektionen, die wegen der mangelnden Möglichkeit, diese zu behandeln, auch oft zum Tod führen. Die Lage ist tatsächlich so verzweifelt, dass es auf europäischer Ebene viele Anreize gibt, neue Antibiotika zu entwickeln, um auch dieser Keime Herr zu werden, zumindest für eine Weile.

Eine Möglichkeit dazu könnten nach neueren Erkenntnissen sogenannte Cathelizidine bilden. Das sind kleine Peptide, die jeder von uns in sich trägt. Sie sind Teil unseres angeborenen Immunsystems, das heißt, sie gehören zu einem evolutionär gesehen ziemlich alten Abwehrmechanismus. Tatsächlich begünstigt die Form dieser kleinen Peptide, dass sie in die Zellwand von Bakterien eindringen, diese porös machen und dafür sorgen, dass die Bakterien absterben.

So weit, so gut, doch was hat das mit dem Panda zu tun?

DAS IMMUNSYSTEM DES PANDAS LEIHEN

Als Forscher der Nanjing Agricultural University das Immunsystem der Pandas untersuchten, fiel ihnen auf, dass spezielle Immunzellen des Pandas ein spezielles Cathelizidin bildeten, das sich von dem des Menschen unterschied.

Neugierig untersuchten sie das Cathelizidin des Pandas auf seine antibakterielle Wirkung – und waren mehr als nur überrascht.

Das Cathelizidin des Pandas wütete geradezu unter den verschiedensten Bakterienarten, tötete sie ab und verhinderte deren Vermehrung. Das ist auch deshalb bemerkenswert, da sich Bakterien so massiv voneinander unterscheiden, dass auch die meisten Antibiotika nur gegen bestimmte Arten von ihnen wirksam sind. Das spezielle Panda-Cathelizidin nützt denselben Mechanismus wie die des Menschen, um Bakterien zu zerstören. Es dringt ebenso in die Wand der Bakterien ein und zerstört diese. Doch ist es dabei so effizient, dass es im Test genauso gut gegen »normale« wie gegen widerstandsfähigere Keime, die schon gegen Antibiotika resistent sind, wirkt. Die keimtötende Wirkung des Panda-Cathelizidins erfolgte hierbei sechs Mal schneller als durch das Antibiotikum Clindamycin. Möglicherweise ist der Panda dadurch weniger anfällig für antibiotikaresistente Keime und könnte durch seine spezielle Anpassung auch künftig dabei helfen, dass weniger dieser Quälgeister überhaupt entstehen. Denn wo keine Antibiotika eingesetzt werden müssen, nützt es Bakterien auch nichts, gegen diese resistent zu werden.

Im Test wirkte das Cathelizidin des Pandas übrigens auch gegen manche für den Menschen schädliche Pilze, die ebenso wie Bakterien zu gefährlichen Infektionen führen können.

Lassen Sie uns jetzt aber wieder zurück zu unserer Einleitung kommen.

Was haben ein Panda, ein Komodowaran und eine Python gemeinsam?

Die Antwort ist einfach: Jeder von ihnen besitzt ein ganz spezielles Cathelizidin, das derzeit erforscht wird, damit künftig vielleicht das effektive Immunsystem der Tiere auch uns Menschen nutzen kann.

Manche von ihnen sind im Test sogar wirksam gegen den Methicillin-resistenten Staphylococcus aureus, kurz MRSA. Wenn von »Krankenhauskeimen« gesprochen wird, meint man meistens diese resistent gewordene Bakterienart, die zum Beispiel allein in Deutschland zu über hunderttausend teils lebensgefährlichen Infektionen pro Jahr führt.

Kürzlich fand man heraus, dass eine besondere Schlange, der Gelbgebänderte Krait, hier Abhilfe schaffen könnte. Der Gelbgebänderte Krait ist eine ausgesprochen hübsche Schlange. Sie lebt in Südostasien in Feldern und Wäldern. Im Gegensatz zu den meisten Schlangen ist sie ein absoluter Sonnenmuffel. Setzt man den Krait dem Sonnenlicht aus, flüchtet er so schnell es geht ins Dunkel des Dickichts. Seine Lieblingsnahrung sind im übrigen andere Schlangen.

Aber ich schweife ab. Auch der Gelbgebänderte Krait verfügt über ein wahres Supercathelizidin, das es den Forschern momentan besonders angetan zu haben scheint.

Denn einerseits zeigt es in ersten Tests Wirksamkeit gegen den berüchtigten MRSA, aber dort endet die Geschichte nicht.

Das Cathelizidin aus dem Immunsystems dieser bunten Natter wird derzeit auch in ganz anderen Bereichen evaluiert. So könnte es sich um ein effektives Mittel gegen die ganz gewöhnliche Akne handeln, die fast jeden von uns in unseren Teenagerjahren geplagt hat. Außerdem stehen die Zeichen gut, dass es ein effektives Mittel gegen sowohl das tropische Zikavirus als auch Typhuserkrankungen sein könnte.

Nachdem Sie nun einiges über Cathelizidine verschiedener Tiere gehört haben, stellen Sie sich vielleicht eine wichtige Frage. Muss man den Pandas, Waranen, Schlangen oder auch Alligatoren immer wieder Blut abnehmen, um an ihre Cathelizidine zu kommen?

Gott sei Dank nicht. Die Tiere dienen lediglich als Blaupause, und sobald die Struktur eines Cathelizidins einmal entschlüsselt wurde, können Forscher es meist problemlos nachbauen.

Pandas leben in einer sehr engen ökologischen Nische und sind deshalb besonders empfindlich gegen Zerstörung ihres verbliebenen Lebensraums.

Ihre höchstspezielle Anpassung geht mit einem besonders effektiven angeborenen Immunsystem einher.

Ein Bestandteil davon ist ein Peptid, ein sogenanntes Cathelizidin, das in ersten Tests gegen unterschiedliche für den Menschen gefährliche Bakterienarten wirkt.

Auch andere Tierarten bilden ihre eigenen »Super-Cathelizidine«, und diese beginnen wir erst gerade zu entdecken.

KEINE FEIER OHNE GEIER

Geier verursachen vielen von uns ein unangenehmes Gefühl. Jeder von uns erinnert sich an die alten Hollywoodschinken, in denen arme Seelen durch eine Wüste taumeln, während die Geier bereits über ihnen kreisen, als wären sie die Boten des Todes. Überdies finden wir sie oft nicht besonders schön, vor allem dann nicht, wenn wir in irgendwelchen Tierdokumentationen zusehen, wie sie krächzend an einen Gazellenkadaver heranhopsen, um sich dann mit ihren scharfen Schnäbeln bis zum Halsansatz in das tote Tier hineinzubohren.

Ich möchte Ihnen ein etwas anderes Bild von Geiern vermitteln und von einer besonderen Fähigkeit, die sie für die menschliche Gesundheit wichtig machen.

Aber kommen wir zuerst zur Schönheit. Ich finde manche Geierarten sogar *besonders* schön.

Den Bartgeier zum Beispiel. Dieser ist für mich einer der schönsten Vögel überhaupt. Mit einer gewaltigen Flügelspannweite von über zwei Metern siebzig und seinem bunten Federkleid erinnert er an ein mythisches Märchenwesen.

Wenn Sie jetzt denken, es handelt sich dabei um ein Tier aus dem tropischen Afrika: weit gefehlt. Der Bartgeier ist bekennender Europäer, der früher im ganzen Alpenbogen heimisch war. Zu Unrecht als *Lämmergeier* verschrien, wurde dieser Vogel systematisch ausgerottet. In den letzten Jahren wurde mit viel Aufwand ein länderübergreifendes Wiederansiedelungsprojekt für den Bartgeier in den Alpen gestartet. Mit ersten Erfolgen. Mittlerweile brüten Bartgeier wieder in einigen besonders geschützten Regionen. Ich selbst habe mich gefreut, bei einer Wanderung im österreichischen Nationalpark Hohe Tauern einen flügge gewordenen Jungvogel beobachten zu können. Nicht alle Bartgeier bleiben dort, wo sie sollen. Für junge Männchen ist es normal, weit umherzustreifen, auf der Suche nach neuen Revieren. Ein paar besenderte Tiere flogen bis nach Holland, auch wenn sie dort keine dauerhaft geeigneten Lebensräume finden.

Auf meiner Wanderung in den Hohen Tauern sah ich auch eine Gruppe von Gänsegeiern. Auch diese mächtigen Vögel sind in unseren Breiten heimisch. Sie in der Thermik gleiten zu sehen, ist ein beeindruckendes Schauspiel. Ich hätte ihnen ewig zusehen können, wie sie sich höher und höher schrauben.

Diese Tiere tun niemandem weh, sie sind atemberaubend tolle Flieger, und wir sollten alles tun, um sie auf unserem Planeten zu halten. Darüber hinaus haben sie aber noch einen ganz konkreten Nutzen für uns. Sehen wir uns diesen etwas genauer an!

DER MÄCHTIGSTE MAGEN IM TIERREICH

Warum verträgt der Mensch eigentlich kein Aas? Besonders in früherer Zeit wäre es doch praktisch gewesen. Stellen Sie sich vor, es herrscht Hungersnot, und Sie könnten auf den verwesenden Hasen am Straßenrand zugreifen ... und würden ihn obendrein so richtig lecker finden.

Ich gebe zu, das ist schwer vorstellbar und in einer Gesellschaft, wo wir ohnehin genug zu essen haben, auch nicht wünschenswert. Warum der Mensch nicht mit Aas klarkommt, ist trotzdem interessant.

Prinzipiell schützt uns unser Magen davor, von schädlichen Bakterien oder Toxinen in unserer Nahrung geschädigt zu werden. Das tut er auf eine ganz simple Weise. Das Stichwort heißt: Magensäure.

Die Magensäure sorgt im Magen für einen niedrigen, das heißt sauren pH-Wert von etwa 2. Zum Vergleich: Im Rest des Körpers herrscht ein eher neutraler pH-Wert von 7, der in etwa dem von Meerwasser ähnelt.

Der Magen hilft also nicht nur bei der Verdauung. Er ist auch eine wichtige Verteidigungslinie. So gut wie alle Bakterien werden durch die Magensäure inaktiviert. Eine unrühmliche Ausnahme ist das Bakterium *Helicobacter pylori*, das sich sogar gezielt im Magen ansiedelt und uns dort mit Gastritis und Geschwüren plagt.

Ist die Menge der aufgenommenen Schadkeimen zu groß, oder wenn es sich um besonders widerstandsfähige Erreger handelt, kann der Mensch trotzdem zu Schaden kommen und eine Infektion erleiden, wie zum Beispiel mit Salmonellen.

Sehen wir uns im Vergleich dazu einen Geiermagen an. Wenn der Geier nicht an Verwesungsbakterien und deren Giften zugrunde gehen will, muss er andere Kaliber auffahren, und das tut er auch. Der pH-Wert in seinem Magen liegt kaum über 0. Das mag nach nicht viel weniger klingen, der pH ist aber keine lineare Skala. Der vermeintlich kleine Unterschied von zwei Punkten bedeutet, dass die Säure im Magen des Geiers mehr als *hundertmal* konzentrierter ist als im Magen des Menschen. Dadurch kann der Magen des Geiers sogar die stabilsten Gifte der Umwelt zerstören.

Zum Beispiel das Botulinum-Toxin. Dieses wird vom Bakterium *Clostridium botulinum* produziert, ist unsagbar gefährlich und führt zur tödlichen Krankheit Botulismus.

Sie kennen dieses Gift vielleicht unter dem Namen Botox. Manche Menschen lassen es sich freiwillig in sehr geringer Menge unter die Haut spritzen, um Falten zu glätten.

Ich muss gestehen, auch über die Welt der Bakterien und ihren Nutzen für uns könnte ich Ihnen viel Spannendes erzählen, doch dieses Buch soll den Tieren vorbehalten bleiben.

Dem Geier ist es also egal, wie krank oder verrottet der Kadaver vor ihm ist. Was für boshafte, kleine Mitbringsel auch in dem Fleisch lauern, das er verschlingt, sein Magen wird sich darum kümmern. Aber was hat der Magen des Geiers nun genau mit der Gesundheit des Menschen zu tun?

DAS PROBLEM MIT HEILIGEN KÜHEN

Vollziehen wir nun eine kleine Reise nach Indien, wo über eine Milliarde Menschen leben. Ein völlig anderer Kulturraum, als wir ihn bei uns vorfinden. In den Städten, in denen es vielfach sehr heiß ist, drängen sich viele Menschen auf engstem Raum, und nicht überall herrschen vergleichbare hygienische Bedingungen, wie wir sie in Mitteleuropa gewöhnt sind.

Es ist ein Umfeld, in dem man viel häufiger als in unseren Breiten über Tierkadaver stolpert. Sei es eine der berühmten heiligen Kühe oder andere verendete Nutztiere.

Sie können sich vorstellen, dass Geier in vielen Gegenden Indiens durchaus willkommen sind. Nicht nur, weil sie verwesende Kadaver beseitigen, sie beseitigen auch all die problematischen Gifte und Keime, die sie enthalten, und verhindern so, dass Menschen sie aufnehmen und schwer erkranken und es zu Seuchenausbrüchen kommt. Was immer auch in den Kadavern kreucht und fleucht, der Geiermagen schützt die Menschen in seinem Umkreis davor, dass es sie befällt.

Für die in Indien heimische Volksgruppe der Parsen spielen die Geier auch in der Religion eine besondere Rolle. Die Parsen führen sogenannte Himmelsbestattungen durch. Hier ist es der Brauch, den Leichnam auf einen hohen Turm zu bringen, wo die Geier ihn oft schon erwarten. Während man den Toten dem Himmel überlässt, kümmern sich die Geier um seine sterblichen Überreste, sodass dieser nicht auf unwürdige Weise verwesen muss. Das mag harsch klingen, aber den Körper eines Toten so rasch wieder dem Kreis der Natur zurückzuführen, ist auf gewisse Weise auch ein schöner Gedanke.

Doch leider geschah in vielen Gegenden Indiens etwas, was sich lange Zeit niemand erklären konnte.

Die Geier verschwanden.

Das Ganze geschah leise und lange unbemerkt, doch die Zahlen sprechen eine klare Sprache. Laut der Bombay Natural History Society gab es 1980 in Indien noch etwa vierzig Millionen Geier. Jetzt sind es etwa hunderttausend.

Hier, in unseren Breiten, war relativ klar, warum Arten wie der Bartgeier ausstarben. Wir wollten das so. Wir jagten sie so lange, bis keiner mehr übrig war.

In Indien hingegen wurden die Geier nicht in großem Stil bejagt, da man ihren Nutzen durchaus erkannte. Auch Nahrung war für die Geier im Überfluss vorhanden.

Doch das mysteriöse Verschwinden setzte sich über viele Jahre fort, ohne dass jemand herausfand, warum. Viele vermuteten eine Krankheit, aber wenn das der Fall war, warum schien das große Sterben dann nur Geier und keine anderen Greifvögel zu betreffen?

Das Verschwinden der Geier hatte für die Bevölkerung teilweise verheerende Folgen. Die vielen Kadaver verschwanden natürlich nicht von allein. Vor allem in dicht besiedelten Gebieten sprangen verwilderte Haushunde rasch in die Bresche und vermehrten sich rasant. Diese Streunerhunde waren vielfach gefährlich und attackierten die Menschen, wenn sie nicht genug Nahrung fanden. Außerdem verfügen Hunde nicht über den Wundermagen der Geier. Gefährliche Erreger konnten durch die Hunde vielfach noch weiter verbreitet werden, und es kam zu einem sprunghaften Anstieg von tödlichen Seuchen wie Milzbrand, Botulismus und auch der Tollwut. Von der Tollwut möchte ich an dieser Stelle nicht genauer erzählen. Sie führt beim Menschen so gut wie ausnahmslos zum Tod. Und der Weg dorthin ist so grauenhaft, dass ich Sie bitten muss, bei Interesse selbst darüber zu lesen.

Und die Parsen? Die Geschichte ist ähnlich traurig. Zunächst stürzten sich Krähen auf die Toten. Diese sind aber vergleichsweise ineffizient beim Beseitigen der Leichen. Einem Artikel im *Tagesspiegel* aus dem Jahr 2017 zufolge kam es vermehrt dazu, dass Krähen mit kleineren Leichenteilen durch die Luft flogen und in dichter besiedelten Gebieten nicht selten Finger oder Ähnliches auf den Terrassen der Umgebung landeten. Mittlerweile denken die Parsen darüber nach, zu Erdbestattungen zu wechseln, und eine jahrtausendealte Tradition ist dabei, für immer zu verschwinden.

Doch was war mit den Geiern passiert? Die Antwort ist so abenteuerlich wie traurig. Denn ihre Auslöschung geschah völlig unbeabsichtigt.

Um zu verstehen, was geschehen war, muss ich Ihnen kurz von einem Wirkstoff erzählen, der in unzähligen Arzneimitteln enthalten ist. Er heißt Diclofenac. Diclofenac wird schon seit Jahrzehnten angewandt. Es wirkt schmerzstillend und entzündungshemmend. Wenn Sie im Fernsehen einen Werbespot sehen, in dem eine ältere Dame eine Salbe auf ihre schmerzenden Gelenke aufträgt und kurz darauf kreuzfidel mit ihrem Hund, ihren Enkeln oder beidem herumhüpft, dann handelt es sich oft um ein Produkt, das Diclofenac enthält. Häufiger jedoch wird Diclofenac in Tablettenform angewandt, wo die zu erwartende Wirkung stärker ausfällt.

Nicht nur in der Humanmedizin wird Diclofenac breit angewandt, auch in der Veterinärmedizin wird es gern verschrieben ... auch in Indien.

Diclofenac war billig und wurde in großer Menge an kranke Nutztiere verabreicht, um diese rasch wieder auf die Beine zu bringen. Problematisch wurde es, wenn genau das nicht geschah und die Tiere starben.

Das bringt uns wieder zurück zu unseren Geiern. Sie fraßen die Kadaver der behandelten Nutztiere.

Ihre Mägen vermögen alles zu zerstören. Sie können sogar Metall zersetzen. In seinem Inneren ist er saurer als eine Autobatterie.

Doch die Diclofenac-Rückstände im Fleisch passierten ihren Wundermagen unbehelligt. Und während wir Menschen Diclofenac in der Regel problemlos abbauen können, wurde dieses Medikament zu einer Todesfalle für die Geier. Völlig unerwartet zerstörte es die Nieren der Vögel, die daraufhin elend verendeten.

Wir mögen es nicht gewollt haben. Wir haben es definitiv nicht gewusst. Aber wir haben die Geier vergiftet. Millionenfach.

Mittlerweile gibt es ein paar Projekte, um die letzten indischen Geier zu retten. Dennoch gibt es dort noch immer kein Verbot zur Anwendung von Diclofenac in der Nutztiermedizin. Und solange das nicht getan wird, müssen die Menschen Indiens auf die Gesundheit verzichten, die ihnen die Geier zuvor gerne zur Verfügung gestellt haben.

Der Geier-Magen hat so einen niedrigen pH-Wert, dass die Magensäure darin hundertmal konzentrierter vorliegt als bei einem Menschen.

Mit dieser Geheimwaffe werden selbst die übelsten Krankheitserreger und Toxine zerstört.

Dadurch verhindern Geier an vielen Orten dieser Welt die Ausbreitung von Seuchen wie Tollwut oder Milzbrand.

Durch die Verwendung von speziellen Medikamenten in der Nutztiermedizin erleiden Geier Vergiftungen, wenn sie von den Kadavern dieser Tiere fressen.

So verschwinden Geier an vielen Orten der Welt, allen voran in Indien, spurlos, und die Seuchen, die sie bekämpft haben, erhalten dadurch wieder Aufwind.

DON'T WORRY, »BEE« HAPPY

Ich denke, man kann kein Buch über Heilung aus dem Tierreich schreiben und dabei die allseits beliebte Honigbiene unerwähnt lassen. Es ist ja auch wirklich schwer, ein wunderbares Tier wie die Honigbiene nicht zu mögen, es sei denn vielleicht, man reagiert allergisch auf ihr Gift. Sie ist ein jahrtausendalter Begleiter der Menschheit und versorgt uns mit Honig, Bienenwachs und anderen Produkten, an denen wir uns erfreuen. Schon auf den alten Felsmalereien in den Cuevas de la Araña (zu deutsch Spinnenhöhlen) in der Nähe von Valencia, die aus der Zeit von etwa 6.000 bis 10.000 vor Christus stammen, wird eine Form der Imkerei dargestellt. Honig, der eigentlich zur Nahrung der Bienenlarven und der ausgewachsenen Bienen gedacht ist, hat ein paar erstaunliche Eigenschaften, allen voran seine Haltbarkeit. So fand man Honig als Grabbeigabe in altägyptischen Gräbern, und dieser war ebenso genießbar wie Jahrtausende zuvor, als die ägyptischen Imker ihn in Tongefäße einfüllten, versiegelten und in die Grabkammer ihres verstorbenen Herrschers brachten.

Die unersetzliche Rolle, die Bienen als Bestäuber spielen, möchte ich an dieser Stelle gern beiseitelassen, da es zu diesem Thema sehr gute Literatur gibt und Sie vermutlich auch darüber Bescheid wissen. Mein Job ist es an dieser Stelle, Ihnen vielleicht das eine oder andere über Bienen und ihre potenzielle Heilkraft zu erzählen, von dem Sie vielleicht noch nicht gewusst haben.

Prinzipiell ist der gesundheitliche Nutzen von Bienenprodukten schon lange unter dem Begriff Apitherapie (von *apis* lat. Biene) zusammengefasst.

Im Wesentlichen befasst man sich hier mit dem heilsamen Nutzen von Honig, Propolis, Bienengift, der Luft im Inneren des Bienenstocks und des Gelée Royale.

Lassen Sie uns zuerst einen Blick auf die neuesten Kenntnisse in Bezug auf den Honig werfen. Immerhin hat bestimmt jeder von uns schon fleißig seinen Löffel Honig gelutscht, wenn uns im Winter Erkältungen geplagt haben. Tatsächlich ist die wissenschaftliche Datenlage für die Anwendung von Honig bei Husten relativ gut und bescheinigt dem Honig eine lindernde Wirkung, die bisher am besten bei Kindern gezeigt werden konnte. In einer weiteren Anwendung wird Honig gerne unterstützend zur Wundheilung eingesetzt. Auch da zeigt der Honig einen nachweisbaren Effekt. Er besitzt antiseptische Eigenschaften, die das Bakterienwachstum hemmen können, und verhindert übermäßiges Nässen, da er, durch seinen hohen Zuckergehalt bedingt, Flüssigkeit aus der Wunde zieht und dafür sorgt, dass Wunden schneller und mit weniger Narbenbildung verheilen. Einzig bei chronischen, schwer heilenden Wunden, die möglicherweise auch durch Durchblutungsstörungen bedingt sind, stößt der Honig an seine Grenzen. Wenn Sie jedoch das nächste Kapitel lesen, werden Sie sehen, dass das Tierreich auch für diese schwerwiegendere Art der Wunden Hilfe bereithält.

An dieser Stelle eine kleine Bitte. Wenden Sie bitte nicht einfach herkömmlichen Honig bei der Wundbehandlung an. Bakterien können sich in Honig zwar nicht vermehren, der Honig könnte aber damit verunreinigt sein. Fragen Sie daher bitte Ihren Apotheker nach kontrollierten Honig-Produkten, sollten Sie sich für eine Anwendung interessieren.

Wenn Sie, wie leider auch ich, manchmal von Fieberblasen geplagt werden, die durch das Herpes-simplex-Virus ausgelöst werden, könnte Honig Sie durchaus interessieren. Kürzlich konnte gezeigt werden, dass eine Honig enthaltende Creme die Fieberblase ebenso schnell zum Abheilen brachte wie eine etablierte herpesvirenhemmende Creme. Zusätzlich konnte gezeigt werden, dass bei Kindern, deren Herpesbläschen in der Mundschleimhaut auftreten, Honigtherapie zu einem schnelleren Abheilen führt.

Sehen wir uns nun den Nutzen von Stockluft und Bienengift an.

Den möglichen Nutzen von Bienengift zu erfassen, scheint schwierig. Ein möglicher Nutzen gegen Parkinson wurde evaluiert und konnte leider nicht gezeigt werden. Dagegen scheint Bienengift, im Rahmen von Akupunktursitzungen eingesetzt, einen lindernden Effekt bei schmerzhafter Osteoarthritis des Knies zu haben. Doch auch hier würde ich mir noch aussagekräftigere Daten wünschen, um einen möglichen Nutzen des Bienengifts etwas besser bewerten zu können.

Doch was hat es mit der Inhalation von Bienenstockluft auf sich, wie sie in der Apitherapie gerne angewandt wird? Diese dürfte zumindest nicht schädlich sein, da Bienen an einer möglichst niedrigen Keimbelastung in ihrem Stock interessiert sind. Sie erzeugen Wärme, der im Stock einen Dampf entstehen lässt, der reich an ätherischen Ölen, ein bisschen gelöstem Honig und viel Propolis ist.

Das Inhalieren dieser Luft gilt als heilsam bei Atemwegserkrankungen. Das wäre per se auch plausibel, da vor allem Propolis desinfizierend wirkt und verschiedene ätherische Öle eine schleimlösende Wirkung in den Bronchien haben können. Hier fehlt der wissenschaftliche Nachweis aber leider noch komplett, und weitere Forschung wäre nötig, um diesen möglichen Effekt der »Wohnungsluft« der Bienen nachzuweisen.

Kommen wir nun vielleicht zum »Star« der Bienenprodukte: dem Propolis.

Was Propolis eigentlich ist, das ist gar nicht so leicht zu definieren. Die meisten von uns kennen vielleicht die stark riechenden Propolis-Tropfen in alkoholischer Lösung, die ziemlich widerstandsfähige Flecken auf Kleidung und Haut hinterlassen. Ursprünglich sammeln Bienen zur Bildung von Propolis harzartige Substanzen von Knospen oder Wunden in der Baumrinde. Diese Substanz mischen sie im Stock mit Wachs, Pollen, ätherischen Ölen und ihrem eigenen Speichel zu einer klebrigen Masse. Da es in einem Bienenstock feucht und warm ist, könnte er besonders leicht zu einer Brutstätte für Bakterien und Pilze werden. Deshalb kleiden Bienen Ritzen und Löcher ihres Stocks sowie die Waben mit Propolis aus. Die harzige Substanz hält Viren, Pilze und Bakterien in Schach und sorgt für das oben erwähnte »gesunde« Raumklima im Bienenstock.

Doch welchen Nutzen hat der »Haushaltsreiniger« der Bienen beim Menschen? Ich kann vorwegnehmen: Er ist durchaus bemerkenswert.

Fangen wir wieder mit den von uns allen so ungeliebten Fieberblasen an. Denn hier sind propolishaltige Cremes etablierten virenhemmenden Cremes sogar leicht überlegen, also möglicherweise sogar effektiver als Honig, obwohl die beiden bisher nicht »Kopf an Kopf« verglichen wurden.

Ebenso könnte Propolis bei chronischen Entzündungen hilfreich sein. Gleich mehrere Studien konnten zeigen, dass regelmäßige Propoliseinnahme die Entzündungswerte CRP und TNF-alpha signifikant senken kann. Was bedeutet das? Wenn ein Patient unter einer entzündlichen Erkrankung wie Rheuma leidet, könnte zusätzliche Propoliseinnahme möglicherweise zu einer Linderung der Krankheit führen. Wichtig ist aber, dass Betroffene immer vorher mit ihrem Arzt über ihre Therapie sprechen.

Propolis könnte auch einen gewissen Effekt auf den Zuckerspiegel bei Patienten mit Typ-2-Diabetes (dem erworbenen Diabetes) haben. Mehrere Studien belegen eine leichte Senkung des Blutzuckerspiegels sowie des an Hämoglobin gebundenen Zuckers, der weniger anfällig für Schwankungen ist.

Der Haushaltsreiniger der Bienen könnte also noch für viele andere Leiden einen wertvollen Beitrag leisten, was das betrifft, möchte ich mich an dieser Stelle allerdings noch zurückhalten, da noch genauer geforscht werden muss. Vielleicht werden wir bald wissen, ob Propolis auch bei Leiden wie Bluthochdruck, begleitend bei der Tumortherapie und vielen andern Krankheiten eingesetzt werden könnte. Ein Hoch auf die Bienen und ihren Haushaltsreiniger!

An dieser Stelle noch ein kleiner Nachtrag zu Gelée Royale, der nahrhaften Substanz, mit der junge Bienenköniginnen gefüttert werden. Wie bei der Inhalation von Bienenstockluft gibt es meiner Ansicht nach auch da Bedarf an mehr und besseren Daten, wenn wir verstehen wollen, ob dieser Stoff wirklich gesundheitlichen Wert für den Menschen besitzt.

Jedenfalls bin ich schon mehr als gespannt, mit welchen neuen Erkenntnissen uns die gesamte »Apitherapie« in den nächsten Jahren überraschen könnte.

Die Honigbiene ist ein jahrtausendealter Begleiter des Menschen.

Ihre Produkte haben zum Teil bemerkenswerten gesundheitlichen Nutzen.

Sterilisierter Honig eignet sich hervorragend als Mittel zur Wundheilung und beschleunigt diese.

Propolis, der »Haushaltsreiniger« der Bienen, wirkt effektiv gegen Fieberblasen, kann den Zuckerspiegel bei Diabetikern leicht senken und zeigt vielversprechendes Potenzial bei entzündlichen Krankheiten wie Rheuma.

Bei Bienengift, der Inhalation von Stockluft und Gelée Royale ist noch weitere Forschung nötig, um deren Nutzen für die Gesundheit zu klären.

VON HILFREICHEN PARASITEN

Bestimmt haben Sie schon von Symbiose gehört. Diese stellt sich ein, wenn zwei Lebewesen eine Gemeinschaft eingehen, die beiden in gleichem Ausmaß nützt, zum Beispiel zwischen Anemonenfisch und Anemone. Während die Anemone den Fisch mit ihrem Gift vor Fressfeinden schützt, verteidigt dieser die Anemone und hält sie sauber. Haben wir Menschen eigentlich tierische Symbionten, die uns in medizinischem Sinne hilfreich sein könnten? Wenn, dann wohl am ehesten im Bereich der Mikroorganismen. Bei Wirbeltieren würde mir hier noch ein kleiner Fisch einfallen, die rötliche Saugbarbe, die man auf Englisch sehr bezeichnend *doctor fish* nennt. Die rötliche Saugbarbe lebt im Süßwasser des fruchtbaren Halbmonds und der Türkei und liebt Thermalwasser. Vielleicht aus genau diesem Grund stürzen sich die kleinen Fische zu Hunderten auf badende Menschen und knabbern alte Hautreste von ihnen herunter. Einige Untersuchungen aus der Schweiz geben zarte Hinweise, dass die kleinen Fische Patienten mit chronischen Hautkrankheiten wie der Schuppenflechte Linderung bringen könnten, wirklich erwiesen ist das aber nicht. Zumindest eines kann ich Ihnen jedoch aus eigener Erfahrung empfehlen, wenn Sie sich ein Hautpeeling durch die kleinen *doctor fishes* gönnen: Sie sollten besser nicht kitzlig sein.

Verlassen wir also vielleicht doch die Welt der Symbiose und werfen wir einen Blick auf die »bösen Geschwister« der Symbionten: auf Parasiten.

Die Beziehung zwischen Wirt und Parasit ist, wie Sie wissen, von eher einseitigem Nutzen geprägt, trotzdem lohnt hier vielleicht ein genauerer Blick. Es gibt nämlich einen Parasiten, den wir schon seit Jahrtausenden nützen, um uns zu heilen. Und das tun wir ganz einfach, indem wir ihn füttern.

Dieser Parasit wurde schon von den alten Ägyptern genutzt. Napoleon selbst setzte sich dafür ein, dass ihn alle Spitäler vorrätig haben mussten.

Vor Jahren kam ich selbst mit diesem Tier in Berührung. Ich war vielleicht zwölf und tobte den ganzen Tag mit Freunden in einem Badesee herum. Als ich aus dem Wasser kam, bemerkte ich eine glänzende, leicht pulsierende Masse an meinem Oberschenkel.

Einen Blutegel.

Instinktiv wollte ich ihn mir herunterreißen, aber mein Vater hielt mich davon ab, zündete sich eine Zigarette an und berührte den Blutegel mit der glimmenden Spitze. Der Egel ließ sich sofort fallen. Bestimmt keine sanfte Methode, aber damals hatte ich wenig Ahnung von der Leistungsfähigkeit dieses Tiers und war nur froh, dass mein Vater mir geholfen hatte, ihn loszuwerden.

Tatsächlich gibt es unzählige Arten von Blutegeln, aber die meisten von ihnen eignen sich nicht für eine Anwendung in der Medizin. Dafür kommt nur der medizinische Blutegel, *Hirudo medicinalis*, in Frage. Er bringt für unsere Zwecke genau die richtigen Eigenschaften mit. Er hat die richtige Größe, trinkt ein akzeptables Maß an Blut und sorgt mit seinen drei zahnbewehrten Kiefern nur für winzige Verletzungen, in die er seinen gerinnungshemmenden Speichel spuckt. Ich weiß aus eigener Erfahrung, dass einem der Gedanke an einen saugenden Blutegel rasch eine Gänsehaut bereitet.

Tatsächlich verdienen diese kleinen Plattwürmer, die normalerweise in Süßwassertümpeln leben und hoffen, dass eine Mahlzeit vorbeikommt, einen Orden. Und was für einen! Sie kennen Blutegel wahrscheinlich im Zusammenhang mit ihrer traditionellen Anwendung beim sogenannten Aderlass, wo den Tieren eine reinigende und dadurch heilende Wirkung zugesprochen wird. Wesentlich besser belegt ist der Nutzen der Blutegel aber in einer ganz anderen Anwendung.

Wenn es durch Unfälle dazu kommt, dass Gliedmaßen abgetrennt werden, kann ein Chirurg versuchen, diese wieder anzunähen. Hat ein Patient zum Beispiel einen Finger verloren, verbindet der Chirurg in mühevoller Kleinarbeit wieder die größeren Gefäße, die Sehnen und Muskel, damit der Finger wieder bewegt werden kann und auch durchblutet wird. Durch das Durchreißen der vielen kleineren Gefäße kommt es allerdings im Bereich der Naht oft zu Blutungen ins Gewebe. Dieses versackte Blut bremst die weitere Heilung und das Anwachsen des Fingers. Hier kommt unser Blutegel ins Spiel. Behutsam saugt er das überflüssige Blut ab, verhindert Infektionen und hilft so, dass auch die kleineren Gefäße wieder zusammenwachsen können und die abgetrennte Gliedmaße erhalten bleibt. Auf diese Weise hat der Blutegel schon unzähligen Menschen geholfen, ihre verlorenen Gliedmaßen doch zu behalten. Leider ist nicht bekannt, wie viele Menschen über die Jahrtausende schon Heilung durch Blutegel erfahren haben, aber die Zahl ist gewiss hoch genug, um diesem Tier nicht nur mit Ekel, sondern auch einem Quäntchen Respekt und Dankbarkeit zu begegnen.

Sehen wir uns noch einen anderen Parasiten an, vor dem Sie sich vielleicht ekeln werden. Es handelt sich dabei um Maden. Die Maden der Goldfliege genauer gesagt, die, obwohl der Name anderes vermuten lässt, in wunderschönem Grün schillert.

Maden wurden lange Zeit in der Wundbehandlung eingesetzt. Das mag unlogisch klingen, aber besonders vor der Einführung von Antibiotika war Wundheilung ein besonders kritisches Thema. Infizierte sich eine Wunde, konnte dies zum Verlust einer Gliedmaße oder schlimmer noch, zu einer lebensbedrohlichen Blutvergiftung, einer sogenannten Sepsis, führen.

Damals wie heute war ein wichtiger Bestandteil der Wundbehandlung das sogenannte *Debridement*, die Wundtoilette. Dabei entfernt man infiziertes, abgestorbenes oder anderweitig geschädigtes Gewebe, damit die Wunde gut heilen kann. Die Maden agieren hier wie winzige Wundärzte. Fachmännisch entfernen sie von Bakterien durchseuchtes Gewebe und verwandeln eine lang bestehende, infizierte Wunde wieder in eine frische, die der Körper selbst gut heilen kann. Zusätzlich geben die Maden selbst bakterienabtötende Substanzen in die Wunde ab. Außerdem produzieren die Maden der Goldfliege auch noch Ammoniak und steigern damit den pH-Wert der Wunden, was die Bakterien ebenfalls nur schwer ertragen. Dadurch bekämpfen sie »normale« und antibiotikaresistente Bakterien im gleichen Ausmaß.

Da man durch die eben erwähnte Antibiotikaresistenz vieler Keime bei der Wundbehandlung immer öfter an Grenzen stößt, greift man heute wieder öfter auf die Madenbehandlung zurück. Auch die Zunahme an Zivilisationskrankheiten führt dazu, dass es vermehrt zu schlecht heilenden Wunden kommt, wenn die Durchblutung der betroffenen Regionen gestört ist. Zuckerkranke Patienten, die unter dem *Diabetischen Fußsyndrom* leiden, können ein Lied von diesem Problem singen.

Darüber hinaus können die Maden der Goldfliege ebenfalls bei chronischen Druckstellen, Geschwüren und Entzündungen des Knochenmarks hilfreich sein.

Auch wenn wir hoffen, sie niemals selbst zu brauchen, diese kleinen Wundärzte begeistern mich und können vielen Patienten helfen.

Blutegel werden schon seit Jahrtausenden in der Medizin eingesetzt.

Am besten helfen sie, wenn abgetrennte Gliedmaßen wieder angenäht werden. Hier kann der Blutegel oftmals die Heilung beschleunigen und verhindern, dass die Gliedmaße abstirbt.

Bei chronischen und infizierten Wunden werden gern die Maden der Goldfliege eingesetzt.

Diese Maden entfernen wie kleine Wundärzte infiziertes und geschädigtes Gewebe und sorgen dafür, dass die Wunde leichter heilt.

Dies funktioniert sogar bei Wunden, die mit antibiotikaresistenten Keimen infiziert sind.

CORONA HEILEN MIT ALPAKAS

Mein Verhältnis zu Neuweltkameliden, so nennt man Kamelartige, die aus Amerika stammen, im Nutztierbereich vorwiegend Lamas und Alpakas, ist zwiegespalten. Während meines Studiums absolvierte ich klinische Übungen im Westen der USA an der Washington State University. Zur Weihnachtszeit war ich zum Dienst auf der Wiederkäuerklinik eingeteilt. Einer der Patienten, die ich zu betreuen hatte, war ein Lama namens *Lucy*. Lucy litt unter einer Augenentzündung, und über die Weihnachtsfeiertage war es meine Aufgabe, Lucys Auge täglich zu untersuchen und ihr dann antibiotische Augentropfen zu verabreichen.

An und für sich keine schlimme Aufgabe, aber ... Lucy hasste mich.

Während sie zu allen anderen Tierärzten freundlich war, schien sie ganz genau zu wissen, was ihr blühte, wenn ich mich ihr, mit Lampe und Augentropfen bewaffnet, näherte. Sobald sie mich sah, legte sie die Ohren an und hob den Kopf. Wenn sie die Gelegenheit bekam, und die bekam sie oft, spuckte sie mich an. Es brauchte immer viel Überzeugungsarbeit, um ihr nahe genug zu kommen, und ich erinnere mich noch daran, wie ich mir selbst Frohe Weihnachten wünschte, während ich mir am Morgen des Christtags Lucys Spucke aus dem Gesicht wischte.

Alpakas waren mir da schon lieber. Sie sind kleiner und deutlich sanfter als Lamas. Mit ihren langen Hälsen erinnern sie ein wenig an Tiere von einem anderen Planeten. Die von ihnen ausgestoßenen Laute, ein leises »Me«, lassen an eine nur semi-zufriedene Dame der besseren Gesellschaft denken.

Kamelartige, zu denen Neuweltkameliden, aber auch die Dromedare und Trampeltiere der alten Welt gehören, unterscheiden sich jedoch in mancher Hinsicht von anderen Säugetieren, und die macht sie für uns so interessant.

Während ich eine Zeit lang in der Pathologie tätig war, konnte ich manche dieser Anpassungen mit eigenen Augen sehen. Kamele verfügen über Vormägen, in denen sich deutlich sichtbare Speicherzellen befinden, die wie blasenförmige Vorratsbehälter aussehen. In diesen können Kamele riesige Mengen Wasser speichern, wenn nötig wochenlang.

Aber sehen wir uns mal das Blut der Kamele an. Auch hier zeigt sich etwas, was einen stutzig machen lässt. Vielleicht haben Sie schon einmal Bilder von roten Blutkörperchen, sogenannten Erythrozyten, gesehen. Sie erinnern ein wenig an einen Doughnut und verfügen über keinen Zellkern. Diese »Kernlosigkeit« ist ein generelles Merkmal der roten Blutkörperchen von Säugetieren, während zum Beispiel Vögel über Erythrozyten verfügen, die noch einen Zellkern besitzen.

So wie Kamele. Warum diese Tiergruppe als einzige noch Erythrozyten mit intaktem Zellkern besitzt, kann ich Ihnen nicht erklären. Doch eines steht fest: Sooft Lama Lucy mich auch genervt haben mag, die speziellen Anpassungen der Kamele sind ein wahres Wunder – und eine davon könnte vielen von uns in der sehr nahen Zukunft nützen.

EINMAL ANTIKÖRPER À LA KAMEL, BITTE!

Im Jahr 1989 begannen ein paar interessierte Forscher von der Universität Brüssel, das Immunsystem von Kamelen zu erforschen. Wenn man sich so eines Themas annimmt, erwartet man höchstens, dass sich eine kleine Gruppe neugieriger Tierärzte für diese Forschung interessiert. Für ein breiteres Publikum ist das Immunsystem der Kamele viel zu irrelevant …

Zumindest glaubte man das, bevor man eine erstaunliche Entdeckung machte.

Im Blut der Kamele fand man eine ganz besondere Art von Antikörpern, die man zuvor bei keinem anderen Lebewesen gefunden hatte.

Vermutlich haben Sie schon von Antikörpern gehört. Das sind Proteine, die eine wichtige Rolle in unserem Immunsystem spielen. Sie können herumschwirrende Krankheitserreger inaktivieren, binden an befallene Zellen und markieren sie, damit diese durch Abwehrzellen aus dem Spiel genommen werden.

Vor einiger Zeit hat man begonnen, maßgeschneiderte Antikörper, sogenannte *monoklonale Antikörper*, zu entwickeln und damit die verschiedensten Krankheiten zu behandeln. Und das zum Teil sehr erfolgreich.

Antikörper gehören mittlerweile zu den wichtigsten Medikamenten, um viele Autoimmunerkrankungen wie Rheuma, Schuppenflechte oder Morbus Crohn zu behandeln, aber auch im Bereich der Tumorbekämpfung spielen sie eine wichtige Rolle.

Doch zurück zu unseren Kamelen. Die Antikörper, die man in ihnen fand, unterschieden sich grundlegend von denen, die wir aus unserem Körper kennen. Sie waren viel kleiner und leichter.

Deshalb erhielten sie bald auch den Namen *Nanobodies*. Warum war das so interessant? Die Nanobodies der Kamele waren genauso wirksam wie ihre schwereren und trägeren Brüder. Gleichzeitig waren sie fähig, ihre Ziele in engeren oder versteckteren Winkeln im Gewebe zu finden, die herkömmliche Antikörper nicht erreichen können. Man vermutet sogar, dass Nanobodies die Blut-Hirn-Schranke überwinden können, an der andere Antikörper abprallen. Das bedeutet, dass sich dadurch ganz neue Möglichkeiten in der Behandlung von Hirntumoren ergeben könnten, weil man sie auch im zentralen Nervensystem einsetzen könnte.

Da die Nanobodies der Kamele einfacher gebaut sind, sind sie außerdem nicht so hitzeempfindlich, das heißt, sie müssen nicht gekühlt gelagert werden, ein großer Vorteil, wenn man Medikamente in entlegene Gebiete transportieren will. Die Nanobodies behalten sogar nach Erhitzung auf sage und schreibe neunzig Grad ihre Wirksamkeit, und das, obwohl es sich um ein Protein, also ein Eiweiß, handelt. Sie wissen ja, was mit Eiweiß üblicherweise passiert, wenn man es erhitzt. Normalerweise verliert es seine natürliche Struktur und »denaturiert«. Das können Sie wunderbar beobachten, wenn Sie ein Spiegelei braten und das durchsichtige Eiweiß schon bei Temperaturen jenseits der einundvierzig Grad weiß und fest wird. Um so bemerkenswerter ist die Zähigkeit der kleinen Nanobodies.

Die überraschende Entdeckung fand zu ihrer Zeit zwar große Beachtung, doch wie bei vielen genialen Erfindungen schien die richtige Zeit für die Nanobodies der Kamele noch nicht gekommen zu sein, denn in den nächsten Jahrzehnten geschah so gut wie gar nichts mit ihnen. Die ersten klassischen Antikörper als Medikamente tauchten erst um die Jahrtausendwende auf der Bildfläche auf. Lange dachte niemand mehr an die besonderen Nanobodies der Kamele. Bis sich das plötzlich radikal änderte ...

Sogenannte monoklonale Antikörper sind aus der Medizin nicht mehr wegzudenken. Sie bieten z.B. Millionen von Patienten Erleichterung für diverse Autoimmunerkrankungen und Krebs.

Bei der Erforschung des Immunsystems von Kamelen stieß man auf schlankere und leichtere Antikörper, wie man sie noch nie gesehen hatte, sogenannte »Nanobodies«.

Diese sind leichter und kleiner, gelangen in die entlegensten Winkel des Gewebes und müssen nicht gekühlt werden.

DAS AUFBLÜHEN EINER ALTEN ENTDECKUNG

Habe ich geschrieben, herkömmliche, monoklonale Antikörper wären mittlerweile zu wichtigen Medikamenten geworden? Vielleicht war das untertrieben. Sie sind mittlerweile so verbreitet, dass ihre Vertreter zu den umsatzstärksten Medikamenten weltweit gehören.

Nicht auszudenken, wie wichtig in Zukunft die Nanobodies der Kamele werden könnten. Die Welt hat sie mittlerweile wiederentdeckt, und die Forschung an ihnen ist geradezu explodiert.

So fand man heraus, dass bestimmte Nanobodies die gefährlichen H5N1-Viren der Vogelgrippe hemmen können. Bereits jetzt laufen Studien am Menschen mit einem Nanobody, der Infarkte bei Patienten mit einer Herzkrankheit, dem akuten Koronarsyndrom, verhindern soll. Wieder andere Entwickler arbeiten gezielt an Nanobodies, die Hirntumore bekämpfen können, da sie, wie ich bereits erwähnte, mühelos durch die Blut-Hirn-Schranke gelangen können.

Auch die aktuellste Entwicklung auf diesem Gebiet möchte ich Ihnen nicht vorenthalten. Wir verdanken sie drei Alpakadamen.

DIE DREI DAMEN

Wenn ein Mensch eine Infektion erleidet, bildet sein Immunsystem zumeist einen schützenden Spiegel an Antikörpern, um ihn vor einer erneuten Infektion mit dem Erreger zu schützen. Grundsätzlich lassen sich diese Antikörper auch nutzen, um einen anderen erkrankten Menschen damit zu behandeln.

Wenn diese Antikörper schon funktionieren, dachte sich eine Gruppe Forscher des Max-Planck-Instituts, was würde man dann bekommen, wenn Alpakas mit Teilen des Coronavirus in Berührung kämen? Mit dem gefährlichen Spike-Protein des Virus, um genauer zu sein?

Gesagt, getan. Die Forscher setzten drei Alpakadamen dem für die Tiere ungefährlichen Spikeprotein aus.

Wenig später nahmen die Forscher ihnen Blut ab ... und fanden darin ein ganzes Potpourri an Nanobodies, die höchst effektiv gegen das Coronavirus sind. Derzeit wird daran gearbeitet, die allerbesten Nanobodies der drei Alpakadamen zu identifizieren und aus ihnen eine Behandlung zu entwickeln, die Erkrankten Heilung bringen kann. Im Gegensatz zu anderen Antikörpern, die man wegen ihrer Größe injizieren muss, wäre bei den kleinen Antikörpern der Alpakas vielleicht sogar eine lokale Anwendung, zum Beispiel über einen Nasenspray, denkbar. Man darf gespannt sein.

Ich denke, die drei Damen haben sich wirklich eine Extraportion Hafer verdient.

Derzeit wird an Nanobodies geforscht, mit denen man an Corona Erkrankte behandeln kann.

Dazu setzt man zum Beispiel Alpakas Teilen des Coronavirus aus. Ihr Immunsystem bildet dann wertvolle Antikörper gegen das Virus.

WAHRHAFT BLAUBLÜTIG

Gegen Ende meines Veterinärmedizin-Studiums half ich einer Kollegin dabei, eine Versuchsreihe für ihre Diplomarbeit durchzuführen. Ihr Thema war, nun ja, nicht gerade alltäglich. Sie untersuchte die Auswirkungen einer Narkose auf Kaiserskorpione. Kaiserskorpione werden bis zu fünfundzwanzig Zentimeter lang und sind glänzend schwarz. Unter Schwarzlicht fluoreszieren sie allerdings neongelb und erinnern an Kreaturen aus einem Science-Fiction-Film. Wir setzten die Skorpione der Reihe nach in einen Plastikbehälter, in den wir Narkosegas einleiteten. Dabei erkannte ich, dass selbst Skorpione unterschiedliche Temperamente zu haben schienen. Manche ließen alles brav über sich ergehen, andere zappelten wild und stießen ein bedrohliches Fauchen aus. Wenn die Skorpione endlich schliefen, entnahmen wir eine Blutprobe zwischen den Platten ihres Rückenpanzers. Ich weiß noch, wie sehr ich staunte, als ich das Blut der Skorpione das erste Mal zu Gesicht bekam.

Es war blitzblau.

Während wir den eisenhaltigen Blutfarbstoff Hämoglobin nutzen, der unserem Blut seine rote Farbe verleiht, um Sauerstoff zu transportieren, nutzen Krebse, Spinnentiere wie der Skorpion und Weichtiere wie Tintenfische das sogenannte Hämocyanin, das anstatt von Eisen Kupfer enthält und die Tiere dadurch im wahrsten Sinne des Wortes blaublütig macht.

Hämocyanin ist dem Organismus eines Säugetiers fremd. Und obwohl es ungiftig ist, reagieren Säugetiere auf Hämocyaningabe mit einer starken Immunreaktion, bis die Substanz abgebaut ist. Dieser immunstimulierende Effekt könnte einen positiven Effekt bei der Behandlung mancher Tumore haben. Beispielsweise kann man Abkömmlinge des Hämocyanins nach der Entfernung eines Harnblasentumors in die Blase einbringen, um die Wahrscheinlichkeit herabzusetzen, dass der Tumor wiederkehrt.

Spannender ist allerdings eine andere Anwendung. Derzeit wird vermehrt daran gearbeitet, aktive Immuntherapien gegen Tumore zu entwickeln. Das bedeutet nichts anderes, als den Körper »zu lehren«, seinen eigenen Tumor zu bekämpfen. Hierbei werden ein paar Teile des Tumors an das Hämocyanin einer Meeresschnecke gebunden. Dadurch erkennt unser Körper, was er bekämpfen soll, während das Immunsystem gleichzeitig durch das Hämocyanin stimuliert wird.

Solche Therapien werden im Moment unter anderem gegen Lymphdrüsenkrebs, Brustkrebs und das Melanom, den schwarzen Hautkrebs, entwickelt.

Nun möchte ich Ihnen aber von einem Tier erzählen, das ebenfalls »blaublütig« ist und dessen Blut in der Medizin von unschätzbarem Wert ist.

Es handelt sich um Pfeilschwanzkrebse. Diese sehen aus wie wandelnde Panzer, während sie gemütlich über den Meeresboden krabbeln. Pfeilschwanzkrebse leben schon sehr lange auf unserem Planeten. Schon vor hundertfünfzig Millionen Jahren sahen sie ähnlich aus wie heute. Ein Erfolgsmodell.

Etwa zur Mitte des zwanzigsten Jahrhunderts fiel Forschern auf, dass das Blut von Pfeilschwanzkrebsen bei Verletzungen schnell eine gelartige Konsistenz annimmt. Sie untersuchten die Pfeilschwanzkrebse weiter und fanden heraus, dass eine spezielle Art von Zellen im Blut der Tiere bei Kontakt mit bestimmten Bakterien oder deren Giften für die Bildung des Gels verantwortlich ist. Es handelt sich dabei wohl um ein uraltes Alarmsystem. Wollen Bakterien in die Blutbahn des Pfeilschwanzkrebses eindringen, verschließen diese die Eintrittspforte und verhindern so eine Infektion.

Dieses Alarmsystem der Pfeilschwanzkrebse ist so empfindlich, dass die Forscher auf die Idee kamen, es auch für uns Menschen zu nutzen. Schließlich war es doch auch für uns wichtig, ob sich schädliche Bakterien in Nahrungsmitteln oder Medikamenten versteckten.

Dies war die Geburtsstunde eines absolut lebensrettenden diagnostischen Tests, des sogenannten *Limulus-Tests*.

Vermutlich hat er auch Sie schon vor gesundheitlichen Schäden bewahrt. Mit seiner Hilfe werden Milch, Eier und alle Medikamente, die mittels Spritze verabreicht werden müssen, auf das Vorhandensein gesundheitsschädlicher Bakterien überprüft.

So genial der Limulus-Test auch ist, er hat leider einen üblen Beigeschmack. Jährlich müssen an die vierhunderttausend Pfeilschwanzkrebse gefangen werden, um ihnen einen Teil ihres wertvollen Bluts abzuzapfen. Die Tiere werden danach zwar behutsam wieder ins Meer entlassen, doch geschätzte fünfzigtausend überleben die Prozedur nicht und gehen dabei zugrunde.

Erst langsam setzen sich Tests durch, für die das Blut der Pfeilschwanzkrebse künstlich »nachgebaut« werden konnte. Hoffen wir, dass sich dieser Prozess beschleunigt, damit wir auch künftig noch diese Urzeitkrebse in unseren Meeren bewundern können.

Anstatt von Hämoglobin haben Weichtiere, Spinnentiere und Krebse das kupferhaltige Hämocyanin im Blut, das diesem eine blaue Farbe verleiht.

Hämocyanin stimuliert das menschliche Immunsystem, deshalb wird es zur Entwicklung neuer Krebsmedikamente genutzt, die das Immunsystem dazu bringen soll, Tumorzellen zu zerstören.

Das Blut des Pfeilschwanzkrebses enthält Zellen, die es in ein Gel verwandeln, sobald es mit schädlichen Bakterien in Berührung kommt.

Diesen Schutzmechanismus nutzen wir für einen Test, der Medikamente, Milch und Eier auf das Vorhandensein schädlicher Bakterien überprüft und so Leben rettet.

Für diesen Test müssen jährlich tausende Pfeilschwanzkrebse ihr Leben lassen. Alternativen setzen sich erst langsam durch.

DAS ZEITALTER DER TIERGIFTE

In den vorigen beiden Kapiteln sind wir tief in die körperlichen Funktionen von Tieren wie dem Nacktmull, der Kuh, Geiern oder Kamelen eingetaucht.

In diesem Abschnitt möchte ich Ihnen faszinierende Beispiele nennen, wie das, was Tiere »produzieren«, von unglaublichem Nutzen für uns sein kann ... und zwar ihre Gifte. Diese dienen verschiedensten Tierarten auf unserem Planeten zur Abschreckung (sogenannte Wehrsekrete) und als effektive Unterstützung beim Beutefang.

Gifttiere finden sich in so gut wie jeder Tiergruppe. Wussten Sie, dass es sogar giftige Vögel und Säugetiere gibt? Der Zweifarbenpirol aus Neuguinea hat hochgiftige Käfer auf seine Speisekarte gesetzt. Während ihm das Gift mit dem Namen *Homobrachotoxin* aus unbekannten Gründen nichts ausmacht, reichert er es in seiner Haut an. Wer auf die dumme Idee kommt, den Zweifarbenpirol zu verspeisen, muss sich danach auf schreckliche Muskelkrämpfe einstellen.

Bei den Säugetieren ist ein bekanntes Gifttier sogar ziemlich nah mit uns verwandt. (Nein, es ist niemand aus Ihrer menschlichen Verwandtschaft, auch wenn Sie davon überzeugt sind.)

Es gehört zur Familie der Primaten. Die sogenannten Plumploris erinnern viele Menschen an lebendig gewordene Kuscheltiere, wegen ihres weich aussehenden Fells, der großen Augen und ihrer tapsigen Art. Doch Vorsicht! Am Arm des Plumploris befinden sich Giftdrüsen. Durch Ablecken derselben benetzt der Lori seine spitzen Eckzähne mit dem Gift und kann es durch einen Biss einem Angreifer verabreichen.

Da Loris in ihrer südostasiatischen Heimat oft gefangen und als Haustiere weiterverkauft werden, zieht man ihnen die Eckzähne, um sie dadurch ungefährlich zu machen. An dieser brutalen Prozedur gehen viele Plumploris zugrunde. Das ist nur einer von einer langen Liste von Gründen, dieses Tier lieber in seinem natürlichen Lebensraum zu belassen.

Doch zurück zu den Giften.

Viele Forscher sind der Überzeugung, dass neue Generationen von Medikamenten ihren Ursprung in Tiergiften haben werden. Bereits jetzt gibt es Arzneimittel, die auf Tiergiften beruhen, und wir haben erst angefangen, diese besonders vielfältige Schatzkammer zu erforschen. Man geht davon aus, dass es etwa zweihunderttausend Arten von Gifttieren gibt. Jedes Gift besteht aus vielen Bestandteilen, die wir Toxine nennen, und jedes dieser unzähligen Toxine könnte das Potenzial in sich tragen, ein neues, besonders effektives Mittel für bisher schlecht behandelbare Krankheiten zu werden. Gerade bei besonders kleinen Tieren wie vielen Spinnen sind wir technisch erst seit kurzem in der Lage, die minimalen Giftmengen zu analysieren, die diese in sich tragen, und ihre Menge mit der Hilfe von Bakterien zu vergrößern. Allein dadurch haben wir den

Schlüssel zu Millionen von neuen Toxinen entdeckt, zu denen wir bisher keinen Zugang hatten, und die Forschung an Tiergiften und ihrem möglichen Nutzen scheint gerade zu explodieren. Wie Sie in den folgenden Kapiteln lesen werden, gibt es dazu bereits jetzt einige bahnbrechende Forschungsergebnisse. Vielleicht ist es also Zeit, dass wir unsere Abneigung zu so manchen Gifttieren wie Spinnen und Schlangen überdenken und sie ... nun ja, lieben lernen.

Vielleicht hat Ihnen diese Vorstellung gerade eine Gänsehaut bereitet, oder Sie haben mit stolzgeschwellter Brust ein lautstarkes »Niemals!« herausposaunt.

Ich kann Sie beruhigen. Ein bisschen zumindest. Ich verlange nicht, dass Sie den pelzigen Körper einer Vogelspinne tätscheln. Wenn Sie nicht mögen, sollten Sie auch keine Klapperschlange an der Kehle kraulen ... Das sollten Sie generell vermeiden, selbst wenn Sie Schlangen lieben.

Wenn ich mir etwas wünschen kann, dann wäre das, dass Sie diese Tiere zumindest aus der Ferne schätzen lernen. Und ich könnte mir vorstellen, dass die unglaublichen Dinge, von denen Sie in den nächsten Kapiteln lesen werden, vielleicht ein kleines bisschen dazu beitragen.

TÖDLICH UND PRAKTISCH

Keine Frage, niemand von uns möchte gern von einer Giftschlange oder Spinne gebissen werden. Ich wurde ein einziges Mal als Kind von einer relativ harmlosen Spinne in die Hand gebissen, und das war schon unangenehm genug.

Ich war zehn. Mein Vater und ich waren gemeinsam fischen. Und wie so oft war das eine recht ... nun ja, meditative Sache, weil einfach nichts passierte. Doch dann, plötzlich, biss der ersehnte Karpfen an, und das so ruckartig, dass die Angelrute einen Satz nach vorn machte. Mein Vater hechtete ihr hinterher, um sie zu fassen, und verlor dabei seine Brille, ohne die er ähnlich viel sieht wie ein Nacktmull.

»René, schnell, meine Brille!«, rief er, während er heldenhaft auf allen Vieren kniend versuchte, den Karpfen an Land zu ziehen.

Ich tastete das Gras nach der Brille ab und fand sie. In diesem Moment sah ich eine schwarze Spinne über meine Handfläche huschen und spürte einen stechenden Schmerz.

Es gelang meinem Vater schließlich, den Karpfen zu landen. Bis meine Hand heilte, dauerte es mehr als zwei Wochen, in denen der Biss heftig brannte. Ich glaube, die Spinne, die mich gebissen hat, war eine ganz gewöhnliche Wolfsspinne, die nur leicht giftig ist. Ich mag mir also nicht vorstellen, wie es sein muss, von einer stark giftigen Spinne oder einer Schlange wie dem australischen Inlandtaipan gebissen zu werden.

Nähern wir uns dem Thema aber von der wissenschaftlichen Seite. Tiergifte sind im wesentlichen Cocktails von biologisch aktiven Substanzen. Sie haben sich genau zu dem Zweck entwickelt, in unserem Organismus aktiv zu werden, bestimmte Signale zu blockieren oder zu aktivieren, oder gar um Gewebestrukturen aufzulösen.

Derzeit ist man wie bereits erwähnt bemüht, die Einzelkomponenten dieser Gifte, die Toxine, zu untersuchen und sie auf ihre Wirksamkeit gegen verschiedene Krankheiten wie Krebs zu erforschen. Damit ich Sie ganz schonend an das Heilungspotenzial von Spinnen und Schlangen heranführe, beginnen wir am besten mit einem ganz anderen Tier, das die meisten von Ihnen vielleicht nicht ganz so sehr abschreckt. Trotzdem handelt es sich dabei im wahrsten Sinn des Wortes um … *ein Monster.*

EIN MONSTER GEGEN DIABETES

Vor einigen Jahren war ich in einem Nationalpark im Südwesten der USA unterwegs. Die Landschaft dort faszinierte mich, sah sie doch fast genauso aus wie in einem künstlichen »Wüstenhaus« in Mitteleuropa. Zwischen abgeschliffenen Granitfelsen wuchsen die unterschiedlichsten Kakteen und Sukkulenten. Da es noch relativ früh am Morgen war, war die trockene Hitze gut auszuhalten. Auf dieser Wanderung begegnete ich einem äußerst eigentümlichen Wesen. Es hockte reglos auf einem der Granitfelsen und sah aus schwarzen Knopfaugen auf mich herab. Es schien sich um eine riesige Echse zu handeln. Ihr Körper war schwarz, die Musterung auf ihrem Rücken orangefarben. Ich hatte das Glück, eine sogenannte Gila-Krustenechse zu beobachten, die auf Englisch den klingenden Namen *»Gila Monster«* trägt. Das Gila-Monster ist im Vergleich zu den flinkeren Eidechsen ein sehr behäbiger Geselle, den man nur selten zu Gesicht bekommt.

Vielleicht ist das auch gut so, denn das Gila-Monster ist, ungewöhnlich für eine Echse, hochgiftig. Prinzipiell braucht einen das nicht zu beunruhigen. Das Gila-Monster ist alles andere als aggressiv, und man müsste es schon richtig bedrohen, damit es zubeißt. Es ist generell ein scheuer Geselle, der die meiste Zeit unter der Erde lebt und sich dazwischen auf die Suche nach Vogelnestern macht, die es gern plündert.

Es kommt durchaus mal ein paar Monate ohne Nahrung aus, schließlich ist in den Wüsten und Halbwüsten, die es bewohnt, Nahrung durchaus ein rares Gut. Das Gila-Monster kann seinen Stoffwechsel in solchen Mangelzeiten drosseln, um nicht zu viel Energie zu verschwenden. Aber wenn es dann plötzlich doch wieder auf ein paar nahrhafte Eier stößt, ist eine schnelle Reaktion gefragt. Will das Gila-Monster die Nahrung auch verdauen, dann muss es seinen Stoffwechsel rasch wieder in Schwung bringen. Spannenderweise tut es das über eine Substanz in ihrem eigenen Gift, die die Forscher, die sie entdeckten, *Exendin-4* tauften. *Exendin-4* ähnelt einem Hormon, das auch der menschliche Körper produziert, dem sogenannten Glukagon. Studien zeigten: Wenn das Gila-Monster nach Nahrung schnappt, gelangt auch ein wenig *Exendin-4* aus dem Gift ins Blut der Echse. Es stimuliert dort die Bauchspeicheldrüse und sorgt dafür, dass Insulin produziert wird, um die Energie aus der Nahrung auch verwerten zu können.

Diesen Effekt machten sich einige Forscher zunutze. Sie nahmen *Exendin-4* als Blaupause für neue Diabetesmedikamente. Diese sorgen bei Patienten für lange und kontinuierliche Insulinproduktion, weil es im menschlichen Körper nur langsam abgebaut wird. Interessanterweise führt das Mittel aus dem Gift des Gila-Monsters beim Menschen auch zu einer langsameren Magenentleerung, dadurch wird weniger Zucker aus der Nahrung aufgenommen. Dies hilft gegen eine Verschlimmerung der Zuckerkrankheit und führt in manchen Fällen auch zu einer Gewichtsabnahme, die die Gesundheit vieler Diabetiker ebenfalls verbessern kann.

Das Gila-Monster ist eine etwa armlange Echse, die man in Wüsten und Halbwüsten Nordamerikas antreffen kann.

Der Biss des Gila-Monsters ist giftig.

Mit einem Bestandteil seines eigenen Gifts kann das Gila-Monster beim Zubeißen seinen Stoffwechsel und seine Verdauung anregen.

Der Bestandteil des Gifts, der dafür verantwortlich ist, wird Exendin-4 genannt und diente bereits als Vorlage für neue Medikamente gegen die Zuckerkrankheit.

LIPPEN WIE ANGELINA JOLIE

Als Kind im sommerlichen Strandbad am Attersee in Oberösterreich kaufte mir meine Mutter einen Kornspitz mit Schinken als Mittagsjause. Ich war sechs Jahre alt und ziemlich hungrig. Zu hungrig.

Kurz vor dem Zubeißen sah ich noch die Wespe auf dem Rand des Schinkenblatts sitzen, aber zu spät. Ich biss herzhaft hinein, und die Wespe stach mich in die Lippe. Der Stich tat höllisch weh, aber selbst unter Tränen musste ich zugeben, dass ich ziemlich komisch aussah. Meine Oberlippe war auf Angelina-Jolie-Ausmaß angeschwollen. Fortan war ich längere Zeit nicht unbedingt ein Wespenfreund. Erst als Erwachsener begann ich sie interessant zu finden, obwohl sie mich an warmen Augustnachmittagen noch immer zur Weißglut treiben. Besonders wenn man Bierdeckel auf sein Getränk legen muss, um am Ende nicht einen wütend brummenden Wespencocktail zu schlürfen. Die meisten heimischen Wespenarten sind allerdings nicht lästig. Sie meiden den Menschen und »machen ihr Ding«. Und dieses Ding ist in vielen Fällen äußerst nützlich für uns. Wenn Sie in einer Stadtwohnung leben und von Lebensmittelmotten geplagt werden, haben Sie vielleicht schon einmal von Schlupfwespen Gebrauch gemacht. Diese Nützlinge sind kommerziell erhältlich, so klein, dass Sie sie nicht bemerken, und machen Motten rasch den Garaus, indem sie deren Larven als Imbiss für ihren eigenen Nachwuchs verwenden.

Selbst die beiden Arten, die uns lästig werden, die Deutsche Wespe und die Gemeine Wespe, haben so ihren Nutzen. Sie halten den Bestand an Stechmücken und Fliegen niedrig und tragen, wie erst kürzlich gezeigt, zumindest ein klein wenig zur Bestäubung von Blüten bei.

Eine ganz besondere Wespe ist erst kürzlich ins Zentrum der medizinischen Forschung gerückt. Ihr wissenschaftlicher Name lautet *Chartergellus communis*. Sie ist kleiner als die Wespen, die Sie kennen, großteils schwarz und ziemlich unauffällig. Wenn Sie sie suchen möchten, haben Sie in Mittel- und Südamerika die besten Chancen. Ähnlich wie die Gemeine Wespe in unseren Breiten bildet *Chartergellus communis* (Ich wünschte, es würde ein deutscher Name existieren, aber Fehlanzeige) Wespenvölker und baut Nester.

Kein besonders spektakuläres Tier, oder? Vielleicht kann ich Sie umstimmen!

Ihr Gift hat nämlich ein paar sehr interessante Eigenschaften, die ziemlich wertvoll für Menschen sein könnten, die unter Epilepsie leiden. Epilepsie kann eine extrem beeinträchtigende Krankheit sein. Betroffene leiden immer wieder unter Anfällen, die, einfach ausgedrückt, durch einen elektrischen Gewittersturm im Gehirn ausgelöst werden. Diese Anfälle führen zu schmerzhaften und gefährlichen Krämpfen im ganzen Körper. Können Sie sich vorstellen, dass sich jeder Muskel in Ihrem Körper verkrampft? Nicht? Seien Sie froh. Ich möchte mir nicht vorstellen, wie sich ein Epilepsie-Patient nach einem Anfall fühlen muss. Die derzeitigen Behandlungen sind zwar wirksam, können aber schwere Nebenwirkungen auslösen. Neue Behandlungsmöglichkeiten wären jedenfalls dringend willkommen. Und hier könnte unsere kleine Chartergellus-Wespe ins Spiel kommen. Bei Tieren konnte ihr Gift bereits epilepsieähnliche Anfälle verhindern oder zumindest abmildern. Ähnliche Ergebnisse wurden auch schon vom Gift einer anderen exotischen Wespenart berichtet, in deren Gift man die Substanz *Neuropolybin* identifiziert hat, die für die»Antikrampfwirkung« des Wespengifts verantwortlich sein könnte.

Lassen Sie uns Wespen also nicht nur lästig finden, auch wenn sie uns bisweilen zur Weißglut treiben. Neben der wichtigen Rolle, die sie in ihrem Ökosystem einnehmen, könnten sie uns auch neue, wertvolle Therapien für eine wirklich heimtückische Krankheit schenken.

Obwohl lästig, erfüllen verschiedene Wespenarten wichtige Funktionen in ihrem Ökosystem, die auch dem Menschen nützen, wie biologische Schädlingsbekämpfung und Bestäubung.

Im Gift tropischer Wespen fand man kürzlich Substanzen, die Anfälle von Epilepsiepatienten abmildern oder verhindern könnten.

SIE SIND NICHT ALLEIN!

Fürchten Sie sich vor Schlangen?

Wenn ja, sind Sie nicht allein. Ich habe selbst oft erlebt, wie die Tapfersten der Tapferen zur Salzsäule erstarren, wenn eine harmlose Blindschleiche (eigentlich eine Eidechse) vor ihnen den Weg überquert.

Diese Angst ist evolutionär gesehen etwas durchaus Sinnvolles. Einfach ausgedrückt, könnte es die Überlebenschancen unserer Vorfahren durchaus erhöht haben, dass sie sich von Schlangen ferngehalten haben. Denn viele von ihnen können dem Menschen durch ihre Gifte gefährlich werden, die sie einsetzen, wenn sie sich bedroht fühlen. Vorwerfen kann man das den Tieren nicht. Ihr Giftapparat dient hauptsächlich zur Jagd, und mal ehrlich, wir wären vielleicht auch nicht besonders entspannt, wenn ein Godzilla-großer Wanderer auf uns zustampft und uns zu zerquetschen droht.

Falls Sie auch zu den vielen Menschen gehören, die sich vor Schlangen fürchten, möchte ich Sie trotzdem bitten, dieses Kapitel zu lesen. Wir konzentrieren uns nämlich ganz und gar auf die heilsame Wirkung, die diese Tiere bereits jetzt auf uns haben. Und falls Sie meinen, die ganze Forschung, von der ich Ihnen erzähle, ist ja nur Zukunftsmusik, dann wird Sie das kommende Kapitel besonders interessieren.

WIE SCHLANGEN BEREITS JETZT HEILEN

Ich muss gestehen, ich war selbst beeindruckt, wie sehr wir Bestandteile, die ursprünglich aus Schlangengiften stammen, bereits jetzt nutzen.

Lassen Sie mich dafür eine kleine Geschichte aus meinem Studium erzählen. Ich saß mit einer Gruppe von Freunden in einer Pharmakologievorlesung.

Der Professor dozierte gerade über sogenannte *ACE-Hemmer*, eine spezielle Art von Medikamenten. Ich hatte damals keine Ahnung, um was es wirklich ging, und sah meine Felle für die bevorstehende Prüfung schon davonschwimmen.

Natürlich sollte man idealerweise fürs Leben und nicht für die Prüfung lernen ... aber ich wollte halt schon irgendwie die Prüfung bestehen.

Also baute ich mir mit meinen Freunden ein paar alberne Eselsbrücken, damit wir uns merkten, wofür diese Medikamente gut waren. Mir fiel auf, dass alle Vertreter dieser ACE-Hemmer auf die Silbe -pril endeten. Zum Beispiel Capto*pril*, Enala*pril* ... Sie verstehen. Ich erinnerte mich, dass es zwei Waschmittelmarken mit ähnlichen Namen gab, *Pril* und *ACE*.

Ich stellte mir also vor, wie die beiden Waschmittelflaschen gegeneinander kämpften, und merkte mir zwei Dinge. *Pril hemmt ACE! Und Pril senkt den Blutdruck!*

Die Eselsbrücke war so albern ... und wirksam, dass ich mich heute noch daran erinnere, wenn ich über ACE-Hemmer lese und grinsen muss.

Leider hatte ich damals keine Ahnung, wie spannend die Geschichte ihrer Entdeckung ist. Denn das hätte ich mir sicher lang über die Prüfung hinaus gemerkt – die ich Gott sei Dank irgendwie bestand.

Tatsächlich gehören ACE-Hemmer zu den am weitesten verbreiteten Medikamenten überhaupt, die gegen Bluthochdruck angewandt werden. Sie helfen Millionen von Patientinnen und Patienten, ihren Blutdruck zu normalisieren. Damit entlasten sie Herz und Kreislauf massiv und reduzieren ihr Risiko, einen Herzinfarkt zu erleiden oder andere Herz-Kreislauf-Krankheiten zu entwickeln. Wenn Sie Tabletten gegen zu hohen Blutdruck nehmen, stehen die Chancen nicht schlecht, dass der Wirkstoff, den Sie einnehmen, zur Klasse der ACE-Hemmer gehört. (Sehen Sie im Fall des Falles mal nach! Wie gesagt, alle ACE-Hemmer enden auf die Silbe -*pril*.)

Aber Moment! Ich habe Ihnen doch eine Geschichte über Schlangengift versprochen. Und die sollen Sie auch bekommen. Denn es gibt eine interessante Beziehung zwischen Schlangen und ACE-Hemmern.

Unternehmen wir dazu eine kleine Zeitreise ins Jahr 1960. Wir befinden uns in Brasilien, genauer gesagt in São Paulo. An der dortigen Universität studierte ein junger Mann namens Sérgio Henrique Ferreira Medizin. Sérgio hatte Glück. Sein Professor war sehr engagiert und interessierte sich zufällig für Schlangen, genau genommen für amerikanische Lanzenottern. Von diesen Schlangen gibt es in Südamerika siebenunddreißig Arten. Die meisten sind eher bräunlich gefärbt, ein paar von ihnen aber auch strahlend grün.

Das Gift der Lanzenottern war ziemlich interessant. Man fand heraus, dass es viel mehr verschiedene Bestandteile enthielt als vergleichbare Schlangengifte. Wird man gebissen, ist das natürlich kein Spaß. Es ist, als würde man dutzende Gifte verabreicht bekommen, die die unterschiedlichsten Leiden hervorrufen. Sérgios Professor war es gelungen, eine bestimmte Substanz aus dem Gift der Lanzenotter zu isolieren. Sie hieß Bradykinin.

Damals wusste man noch nicht, dass Bradykinin auch im menschlichen Körper existiert. Es ist ein Hormon, das unter anderem die Blutgefäße weitet und dadurch den Blutdruck senkt. Eine wirklich bedeutende Entdeckung. Im Gift der Schlange kann dieses natürliche Hormon beim Bissopfer einen Schock auslösen. Und genau hier kam der junge Sérgio ins Spiel. Vielleicht wunderte er sich einfach, warum Bradykinin alleine so eine schreckliche Wirkung bei den Bissopfern auslöste. Konnte in einer kleinen Menge Gift denn überhaupt genug Bradykinin enthalten sein, um die Opfer einen Schock erleiden zu lassen? Der Gedanke ließ ihm keine Ruhe. Er forschte weiter, bis er im Gift der sogenannten Jararaca-Lanzenotter eine spannende Entdeckung machte. Er stellte fest, dass das Schlangengift neben Bradykinin, das auch in unserem Körper vorkommt, auch eine Art Booster enthielt, der die Wirkung von Bradykinin um ein Vielfaches verstärkt.

Acht Jahre später war es Sérgio, mittlerweile selbst renommierter Forscher, gelungen, die Funktion seiner Substanz zu entschlüsseln. Sie senkte den Blutdruck, indem sie ein Enzym namens ACE (Angiotensin Converting Enzyme) hemmte. Kurz darauf entstand nach der Vorlage aus dem Gift der Jararaca-Lanzenotter der erste ACE-Hemmer mit dem Namen *Captopril*.

Durch die Anpassung dieser unscheinbaren, kleinen braunen Schlange, die Sie auf dem Waldboden glatt übersehen würden, und der Arbeit kluger Köpfe wie Sérgio Henrique Ferreira können seither jedes Jahr unzählige Menschenleben gerettet werden. Ein großes Danke an die Natur.

Trotzdem sind die ACE-Hemmer nur ein einziges von vielen Medikamenten, für die Schlangengifte die Vorlage gebildet haben.

Zu diesen Medikamenten gehören Mittel gegen Herzinfarkt, Gerinnungsstörungen, Vorhofflimmern des Herzens und Mittel, die bei der Wundheilung helfen.

Die meisten dieser Medikamente stammen im Übrigen aus der Schatztruhe der Amerikanischen Lanzenottern mit ihren vielfältigen Giften. Würde Sérgio heute noch leben, er wäre begeistert.

Sogenannte ACE-Hemmer gehören seit Jahrzehnten zu den wichtigsten und wirksamsten Medikamenten gegen Bluthochdruck.

Sie verhindern jährlich unzählige Todesfälle.

Amerikanische Lanzenottern leben in Südamerika. Es gibt siebenunddreißig Arten. Alle sind giftig.

Das Gift der Lanzenottern ist weltweit einzigartig. Es enthält so viele verschiedene Bestandteile, als hätte man dutzende Gifte zusammengemischt und gut geschüttelt.

Im Jahr 1960 entdeckte ein Student namens Sérgio Henrique Ferreira im Gift der Jararaca-Lanzenotter eine Substanz, die den Blutdruck massiv senkt.

Er fand heraus, dass diese wirkt, indem sie das sogenannte Angiotensin Converting Enzyme hemmt. Kurz: ACE.

Dank der Amerikanischen Lanzenottern und anderer Giftschlangen nutzen wir bereits heute Medikamente gegen viele Herz-Kreislauf-Krankheiten, Blutgerinnungsstörungen und für die Wundheilung, die alle ihren Ursprung in Schlangengiften haben.

MIT SPINNEN, SCHNECKEN UND
FISCHEN GEGEN DEN WELTSCHMERZ

Schmerz ist wohl die größte Geißel der Menschheit, zumindest sehe ich das so. In Deutschland und Österreich leiden etwa zwanzig Prozent der Bevölkerung unter chronischen Schmerzen. Das bedeutet, Sie gehören entweder selbst zu dieser Gruppe oder Sie kennen mehrere Leute in Ihrer Familie oder Ihrem Freundeskreis, für die Schmerzen zum ständigen Begleiter geworden sind. Chronischer Schmerz ist eine teuflische Sache. Durch den ständigen Schmerzreiz wird die Schmerzschwelle sogar noch herabgesetzt. Einfach ausgedrückt: Hält ein Schmerzreiz lange an, spüren wir ihn stärker, nicht schwächer. Wenn Sie selbst betroffen sind, wissen Sie auch: Ständiger Schmerz ist der Stimmung nicht unbedingt zuträglich. Dadurch leidet nicht nur der Betroffene selbst, sondern auch sein Umfeld.

Hilfe wird dringend benötigt. Mit dem Nacktmull habe ich Ihnen von einem Tier erzählt, das durch seine besondere Anpassung möglicherweise eine Lösung für die Behandlung chronischer Schmerzen in sich trägt. Aber bis wir die Geheimnisse des Nacktmulls entschlüsselt haben, mag noch viel Zeit vergehen, vielleicht noch mehr, bis wir gelernt haben, sie wirklich für uns zu nutzen.

Dabei brauchen wir eine Lösung wirklich dringend. Wie ernst die Lage ist, zeigt die sogenannte Opioidkrise, die derzeit in den USA wütet.

Opioide sind Substanzen, die schon seit langer Zeit aus dem Schlafmohn gewonnen werden. Sie binden an Rezeptoren im Gehirn und unterbrechen auf diese Art die Wahrnehmung von Schmerz. Damit gehören sie zu den stärksten Schmerzmitteln, die wir kennen. Opioide sind für viele Patienten mit heftigsten Schmerzen absolut unentbehrlich. Prinzipiell sind sie auch eine Erfolgsgeschichte, und wir müssen froh sein, dass es sie gibt. Leider haben sie aber auch eine Schattenseite. Eine furchtbare Schattenseite. Abhängigkeit.

Opioidsucht gehört zu den häufigsten Suchterkrankungen auf diesem Planeten, und sich von dieser Sucht zu befreien, ist für Betroffene mit großen Qualen verbunden. Neben der Sucht kann eine eingenommene Überdosis leicht zum Tod führen, da Opioide das Atemzentrum im Gehirn dämpfen, sodass Betroffene langsam ersticken. Diese berüchtigte Eigenschaft der Opioide habe ich auch in meinem zweiten Leben als Autor von Kriminalromanen aufgegriffen. In diesen lasse ich eine junge Gerichtsmedizinerin im alten Wien in einer Serie von mysteriösen Giftmorden ermitteln.

Aber zurück in die Realität, denn die ist in diesem Fall schaurig genug.

In den USA sterben derzeit fast siebzigtausend Menschen jährlich an einer Opioidüberdosis. Über zehn Millionen Menschen, die Opioide ganz normal verschrieben bekommen haben, besorgten sich die Medikamente nach Ende ihrer Verschreibung illegal weiter und müssen als suchtkrank eingestuft werden. Die Sucht ist dort in der Mitte der Gesellschaft angekommen und wird schon seit Jahren, völlig zu Recht, als Epidemie eingestuft.

In Europa, zumindest im deutschsprachigen Raum, ist das Problem noch etwas geringer, da strengere Abgaberegelungen herrschen. So gelten in Deutschland geschätzte hundertfünfzigtausend Menschen als opioidabhängig. Aus meiner Sicht hundertfünfzigtausend zu viel.

Wäre es nicht großartig, wenn wir ein Schmerzmittel zur Verfügung hätten, das so stark wirkt wie Opioide, aber nicht abhängig macht? Vielleicht hält ja auch hier die Vielfalt im Tierreich die eine oder andere Lösung für uns bereit ...

In Deutschland und Österreich leiden etwa zwanzig Prozent der Menschen unter chronischem Schmerz.

Dieser ist oft eine enorme Belastung für die Betroffenen selbst, aber auch für deren Umfeld.

Die potentesten Schmerzmittel, Opioide, sind zwar sehr effektiv, führen aber zu starker Abhängigkeit.

Diese Opioidsucht hat in den USA bereits die Ausmaße einer Epidemie erreicht. Jährlich sterben an die siebzigtausend Menschen an einer Überdosis. Mehr als zehn Millionen sind abhängig.

Es braucht dringend Alternativen zur Behandlung starker Schmerzen, und diese könnten aus dem Tierreich kommen.

TÖDLICHE SCHNECKEN

Ein erster tierischer Ansatz findet bereits Verwendung in der Schmerztherapie. Und er stammt von einem wirklich hübschen kleinen Tier: der Kegelschnecke.

Kegelschnecken leben mit mehr als fünfhundert Arten um den Globus verteilt in tropischen Meeren und Korallenriffen. Das gedrehte Haus der Kegelschnecken ist wirklich hübsch. Wenn man beim Schnorcheln oder beim Waten durch glasklares Wasser eine sieht, möchte man sie gerne aufheben und genauer ansehen.

Tun Sie das NICHT!

So harmlos und hübsch die Kegelschnecke aussehen mag, sie ist ein tödlicher Jäger. Sie verfügt über eine Art Harpune. Mit dieser schießt sie auf nichtsahnende Fische und injiziert ihnen ein tödliches Gift, das aus zweihundert verschiedenen Komponenten besteht. Danach verschlingt sie den gelähmten Fisch in aller Ruhe. Wenn Sie Zeit haben, sehen Sie sich auf YouTube mal die Jagd der so harmlos aussehenden Kegelschnecke an. Ich kann vorwegnehmen: Der Anblick wird Ihnen Gänsehaut bereiten.

Sobald man sich das Gift der Kegelschnecke genauer ansieht, fällt auf, dass es neben seiner lähmenden Wirkung auch eine stark schmerzstillende Komponente besitzt. Bald hatte man sogenannte *Conotoxine* isoliert (von *conus*, der Kegel). Conotoxine blockieren in Windeseile die Ionenkanäle an der Oberfläche von Nervenzellen und verhindern so fast augenblicklich, dass Reize weitergeleitet werden – immerhin soll der Fisch ja sofort bewegungsunfähig sein, wenn man ihn stressfrei verspeisen will. Diese schlauen Eigenschaften machten sich Wissenschaftler zunutze. Sie nahmen die Conotoxine zum Vorbild, modifizierten sie ein bisschen und bauten daraus ein neues Schmerzmittel.

Während Sie diesen Text lesen, sorgt das Gift der Kegelschnecke bereits bei Patienten, die unter extremem und andauerndem Schmerz leiden, für Linderung, die ihnen davor nicht zur Verfügung stand.

Für die breite Masse der Schmerzpatienten sind Conotoxine in ihrer derzeitigen Form nicht geeignet. Sie müssen mit einer implantierten Schmerzpumpe verabreicht werden, und ihre starke Wirkung kann häufig mit Nebenwirkungen wie Übelkeit und Verwirrtheit einhergehen. Nicht unbedingt die Lösung, die wir suchen, um die unzähligen Schmerzpatienten zu behandeln, die im Moment auf Opioide angewiesen sind. Glücklicherweise scheint es, als hätte das Tierreich vielleicht noch ein paar andere Lösungen parat. Sehen wir uns nun ein Tier an, das wohl genau wegen seiner Giftigkeit gerne in Restaurants serviert wird ...

Kegelschnecken sind wunderschöne Tiere, die in tropischen Meeren auf die Jagd nach Fischen gehen.

Sie verfügen über eine Harpune, durch die sie ein tödliches Gift in ihre Beute injizieren.

Bestandteile dieses Gifts wurden bereits zu einem Schmerzmittel weiterentwickelt, das Patienten mit extremen, andauernden Schmerzen Linderung verschaffen kann.

EIN HÄPPCHEN KUGELFISCH GEFÄLLIG?

Wahrscheinlich haben Sie schon von Kugelfischen gehört, diesen drollig aussehenden Fischen, die immer ein bisschen aussehen, als würden sie grinsen, und die sich bei Gefahr aufblasen, um nicht gefressen zu werden. Auch von ihnen gibt es unzählige Arten, in allen erdenklichen Größen und Farben. So wird der Riesenkugelfisch etwa einen Meter zwanzig lang, während es der winzige Erbsenkugelfisch auf gerade mal zwei Zentimeter bringt. Die meisten Arten bewegen sich irgendwo dazwischen.

Ich habe schon öfter Kugelfische beim Schnorcheln und Tauchen beobachtet und sehe ihnen ausgesprochen gern zu, wie sie gemächlich durch das Korallenriff gleiten. Sie schauen dabei in jede Korallenspalte, um nachzusehen, ob sich dort vielleicht eine leckere Krabbe verbirgt. In der Tat sind sie so gemütlich, dass man in Aquarienzoos darauf achten muss, den Kugelfisch extra zu füttern, da ihm sonst alle anderen Fische das Futter vor der Nase wegschnappen. In Freiheit spielt das keine Rolle. Seine Beute ist nicht schnell, aber man muss gründlich nachsehen, um sie zu entdecken.

So harmlos der Kugelfisch ist, ihn zu essen, sollte man sich trotzdem überlegen. Er ist nämlich ziemlich giftig.

Sein Gift nennt sich Tetrodotoxin ... und ist absolut tödlich. Der Kugelfisch bildet das Gift vermutlich mithilfe von Bakterien, genau geklärt ist das aber nicht. Man findet das Tetrodotoxin in der Haut, der Leber und den Eierstöcken des Kugelfischs. Die Weibchen sind also etwas giftiger, wenn Sie so wollen.

Trotz seiner Giftigkeit gilt der Kugelfisch in manchen Ländern, allen voran Japan, als Delikatesse. Unter dem Namen Fugu wird er mit einer speziellen Schnitttechnik zubereitet, um dem Gast nur das ungiftige Muskelfleisch zu servieren. Hat der Koch einen Fehler gemacht, muss man mit Folgendem rechnen: Tetrodotoxin ist ein Nervengift. 0,5 bis ein Milligramm, das heißt ein Tausendstelgramm, sind bereits tödlich. Das Gift blockiert motorische und sensible Nervenreize, sprich es kommt zunächst zu Lähmungen und Taubheitsgefühlen, ehe die Atmung ausfällt und ein Kreislaufschock folgt.

Tetrodotoxin ist so giftig, dass es sich hervorragend für spannende Kriminalgeschichten eignet, nicht umsonst spielte es schon bei Columbo, Miami Vice und Akte X seine fatale Rolle.

Die neuere Forschung ergab jedoch, dass Tetrodotoxin nicht nur schädlich ist. Man fand heraus, dass es in niedrigsten Dosen schmerzstillende Wirkungen hat. Ähnlich wie das Gift der Kegelschnecke ist es trotzdem nicht als leichtes Schmerzmittel geeignet, doch es könnte einer Gruppe von Menschen helfen, für die es bisher keine Hilfe gab. Es handelt sich dabei um Krebspatienten in weit fortgeschrittenen Stadien. Manchmal ist es leider so, dass diese unter starken Schmerzen leiden, die mit vorhandener Medizin nicht mehr gemildert werden können. Aktuelle Studien zeigen jedoch, dass Tetrodotoxin in ultrageringer Dosis genau das tun kann.

Das Gute dabei: Vorläufige Studienergebnisse zeigen, dass eine einzige Injektion einem Patienten gleich für Wochen Linderung verschaffen könnte.

Wenn sich diese Ergebnisse bestätigen, könnte es für viele Krebspatienten bald neue Möglichkeiten geben, ihre Schmerzen zu behandeln. Ich wünsche es ihnen jedenfalls von Herzen.

Doch spannenderweise kann das Gift unseres gemütlichen Riffclowns noch einer ganz anderen Gruppe von Menschen helfen. Menschen, die heroinabhängig sind. Möchten diese von ihrer Droge loskommen, müssen sie einen Entzug durchlaufen, und der ist bekanntlich alles andere als ein Spaziergang und mit großem Leid verbunden. Interessanterweise fanden Forscher heraus, dass die Gabe von Tetrodotoxin die Symptome eines Heroinentzugs deutlich abschwächt und dadurch so manchem Suchtkranken den Abschied von der Droge erleichtern könnte.

Während es leicht ist, die lustig aussehenden Kugelfische gernzuhaben, so werden Sie das nächste Tier, von dem ich Ihnen erzähle, wahrscheinlich nicht im gleichen Ausmaß mögen, aber vielleicht revidieren Sie Ihre Meinung, wenn Sie hören, was dieses Tier für uns alle bedeuten könnte …

So harmlos und bunt Kugelfische auch aussehen, ihre Haut, ihre Leber und ihre Eierstöcke sind tödlich giftig.

Tetrodotoxin, das Gift der Kugelfische, vermag einen Menschen bereits bei einer Dosis von 0,5 bis 1 mg zu töten.

In geringsten Dosen könnte das Gift jedoch helfen, die Schmerzen von Krebspatienten zu lindern, bei denen bekannte Schmerzmittel nicht ausreichen.

Auch Suchtkranken könnte der Kugelfisch helfen, sein Gift scheint die Symptome eines Heroinentzugs zu lindern.

DIE MIESEPETRIGE VOGELSPINNE

Ich oute mich. Ich habe zwar keine Spinnenphobie, aber eine Vogelspinne auf meiner Hand herumkrabbeln lassen, das überlasse ich gerne anderen. Aus sicherer Entfernung liebe ich es aber, die Netze der heimischen Kreuzspinne zu betrachten. Vor allem, wenn sich der Morgentau darin gefangen hat und die Spinne selbst wie das Zentrum einer Dartscheibe in ihrem Netz hockt und nicht nur sprichwörtlich alle Fäden in der Hand hält.

Sie wirkt ganz still, aber schon die leichteste Vibration in ihrem Netz lässt sie losstarten, um sich auf eine potenzielle Beute zu stürzen.

In Mitteleuropa sind wir bezüglich giftiger Spinnen relativ gesegnet. Allein die Bisse der Dornfingerspinne müssen etwas ernster genommen werden. Selbst die Bedrohlichkeit der Europäischen Schwarzen Witwe, die manchmal als Jungspinne über die Alpen geweht wird, ist umstritten.

Diese wird in ihrer mediterranen Heimat sogar wegen ihrer effektiven Beutefangtechnik zur Schädlingsbekämpfung in der Landwirtschaft genutzt und ist dort in Feldern durchaus gern gesehen.

In anderen Gegenden des Erdballs geht es da ganz anders zu. Wenn auch weniger schlimm, als Sie vielleicht glauben. Selbst in Australien, der Hochburg der Gifttiere, wurde zwischen 1979 und 2018 angeblich kein einziger Todesfall durch einen Spinnenbiss dokumentiert. In der Einleitung dieses Abschnitts habe ich erwähnt, dass momentan sehr intensiv an Spinnengiften und deren Zusammensetzung geforscht wird, so auch von einer Forschungsgruppe in Kalifornien von der Universität *UC Davis*.

Dort erregte eine ganz besondere Spinne die Aufmerksamkeit der Forscher. Diese Spinne hört auf den sperrigen Namen *Thrixopelma pruriens*. Es handelt sich um eine Vogelspinne, deren englischer Name übersetzt »Peruanische Vogelspinne« lautet, obwohl sie eigentlich aus Chile stammt.

Wenn Sie unter Spinnenangst leiden, möchten Sie diesem Tier wohl nicht begegnen. Sie wird schauderhafte sieben Zentimeter groß. Aber immerhin, das bläuliche Schimmern ihrer Beine, wenn sie ins Licht krabbelt, verleiht ihr auch eine geheimnisvolle Schönheit.

Als Haustier wollen Sie *Thrixopelma pruriens* wohl eher nicht halten, obwohl erfahrene Spinnenhalter das durchaus tun. Diese Vogelspinne ist nämlich ziemlich miesepetrig, um einen menschlichen Charakterzug zu verwenden. Das bedeutet, dass sie sich die meiste Zeit versteckt – das wäre an sich nicht das Problem. Aber wenn sie dann doch herauskommt, dann beißt sie gern, oder noch häufiger: sie *bombardiert*. So nennt man es in Spinnenfachkreisen, wenn die Vogelspinne Ihnen ihr großes Hinterteil zuwendet und dann rasch mit den Hinterbeinen darüberstreicht. Dadurch werden winzig kleine Brennhaare in die Luft geschleudert, die zu Haut- und Schleimhautreizungen führen können. Vielen Dank auch! »*Ein Mistviech!*«, würde meine Mutter sagen. Allerdings muss man sagen, *Thrixopelma pruriens* hat auch nicht darum gebeten, als Haus- oder Labortier gehalten zu werden. Lieber sitzt sie in einer Höhle in den Halbwüsten Chiles, ungestört und einsam, und hofft, dass eine Grille des Wegs kommt.

Gott sei Dank sind unter den Forschern der *UC Davis* keine mit Spinnenangst. Denn die etwa zwanzigköpfige Gruppe hat es sich zum Ziel gemacht, mehr über die Gifte von Spinnen und Skorpionen zu erfahren.

Der an dem Projekt beteiligte Professor, Dr. Bruce Hammock, meint dazu, dass Spinnen und Skorpione die Bestandteile ihrer Gifte über Millionen von Jahren optimiert haben, sodass wir nun in der Lage sind, sie zu nutzen. Dieselben Gifte, die uns normalerweise Schmerzen bereiten und unser Nervensystem angreifen, haben seltsamerweise auch die Macht, Nerven besser funktionieren zu lassen und Schmerz zu reduzieren.

Mir persönlich gefällt der Ansatz der kalifornischen Forscher. Vielfalt in der Natur als Blaupause für Heilung.

Und genau das soll nun mit unserer miesepetrigen Vogelspinne klappen. In ihrem Gift, das sie nur allzu gern zur Verfügung stellt, fand man, genauso wie im Gift der

Kegelschnecke, ein besonderes Peptid. Dieses verspricht in ersten Simulationen genauso wirksam wie Opioide zu sein, aber ohne die abhängig machende Wirkung. Ein Selbstläufer ist das Gift der miesepetrigen Vogelspinne aber nicht. Denn es wirkt auch im Muskel und am Gehirn und dort auf weniger angenehme Art.

Doch hier kommt die Technik ins Spiel. Mit einer Computersoftware namens *Rosetta* (benannt nach dem Stein, der die Entschlüsselung der ägyptischen Hieroglyphen möglich machte) sind die Forscher dabei, das Peptid der Vogelspinne so zu modifizieren, dass es die unerwünschten Eigenschaften verliert.

So könnte es ein starkes Schmerzmittel werden, das niemanden abhängig macht und das Leid von Millionen von Menschen lindert.

Erste Ergebnisse sind extrem vielversprechend. Drücken wir die Daumen und hoffen, dass die Natur uns hier das mächtige Heilmittel vor die Nase gesetzt hat, das wir so dringend brauchen. Ansonsten steht uns in den Giften der Spinnen unseres Planeten noch eine geheime Bibliothek von Millionen von Toxinen zur Verfügung, in der sich noch viele andere Schätze verbergen könnten.

Die Vogelspinne Thrixopelma pruriens ist eine angriffslustige Art mit blau schimmernden Beinen, die in Chile vorkommt.

An der UC Davis in Kalifornien widmet sich ein ganzes Forscherteam der Analyse von Spinnen und Skorpiongiften auf der Suche nach neuen Schmerzmitteln.

Im Gift der miesepetrigen Vogelspinne aus Chile fanden sie ein Peptid, das das Potenzial birgt, ein starkes Schmerzmittel zu werden, das nicht abhängig macht.

Um diesem Peptid die Giftigkeit zu nehmen, analysieren und modifizieren die Forscher es mit einem Computerprogramm namens Rosetta.

WIE TIERE DIE SEELE HEILEN

Ich verspreche, wenn Sie Probleme mit Spinnen und Schlangen hatten, wird Ihnen dieser Abschnitt leichter fallen.

Es geht um etwas sehr Schönes. Nämlich wie positiv sich die Tierwelt in vielen Fällen auf unsere Seele auswirken kann.

In der westlichen Kultur haben wir uns angewöhnt, uns sehr stark als separate Individuen zu betrachten, losgelöst und abgetrennt von allem anderen. Eigene kleine Welten, die durch den Kosmos driften, deren Inneres unveränderlich von äußeren Eindrücken bleibt.

Für mich ist das nicht ganz richtig. Die Weise, wie sehr jeder Mensch mit der Natur und mit anderen Menschen verbunden ist, beeindruckt mich oft. Angefangen davon, wie sehr uns die Gefühle und Gesichtsausdrücke anderer Menschen beeinflussen, bis zu der Tatsache, dass wir Milliarden von Bakterien brauchen, um unseren Organismus am Laufen zu halten, lassen mich hinterfragen, ob wir in einer Welt leben, in der wir alle einzigartige Individuen sind, oder in der alles zu einem großen Ganzen verwoben ist. Vielleicht ist beides irgendwie richtig.

Wir sind einzigartig, aber das Tierreich beeinflusst uns und kann auf verschiedenste Weise zu unserem Wohlergehen beitragen. In diesem Abschnitt dürfen nun neben Wildtieren und Nutztieren auch unsere hochgeschätzten Haustiere ihren Platz bekommen, auch wenn man ihnen allein und dem, was sie für uns tun, ein eigenes Buch widmen könnte.

Aber lassen Sie uns erst mit den Wildtieren loslegen.

WIE UNS BEGEGNUNGEN MIT WILDTIEREN PRÄGEN

Begegnungen mit Wildtieren gehören zu den intensivsten, schönsten und nachhaltigsten Momenten, die wir erleben dürfen. Vielleicht fallen Ihnen selbst ein paar solcher Erlebnisse ein, und die bloße Erinnerung an diese Augenblicke lässt Sie Freude empfinden. Auch wenn es zu diesem Thema keine »harte, wissenschaftliche Evidenz« gibt, kann ich nur aus meiner eigenen Erfahrung sagen, dass solche Erlebnisse, wo man der Natur quasi direkt ins Auge blickt, das Potenzial haben, unser Leben nachhaltig zu beeindrucken.

So denke ich noch heute voller Staunen an einen Moment zurück, als ich als kleiner Junge mit meiner Familie am Weißenbach in Oberösterreich unterwegs war, einem eiskalten Alpenbach. Da kam plötzlich ein Rothirsch aus dem Wald stolziert, um am Bach zu trinken. Handys hatten wir noch lange keine. Wir schauten einfach, voller Begeisterung.

Sehr viel später, ich war siebenundzwanzig und im Zuge meines Doktorats in die USA gereist, fuhr ich mit einem

Schiff zu einem Meeresgebiet im Atlantik hinaus, das sich *Stellate Bank* nennt und bekannt für reiches Meeresleben ist.

Ich werde nie vergessen, wie plötzlich neben dem Boot eine Buckelwalkuh mit ihrem Kalb auftauchte und seelenruhig mit ihrem Jungen das Boot umrundete, als würde es dem Kalb erklären, was es da vor sich hatte.

Die vielen begeisterten Gesichter der anderen Bootsinsassen machten mir klar, dass dieser Moment jeden an Bord tief beeindruckt hatte, und alles, was diese Menschen zuvor beschäftigt hatte, war von ihnen abgefallen und für diesen Moment einem intensiven Glücksgefühl gewichen.

Ich möchte gar nicht davon beginnen, was wir alles an biologischem Potenzial verlieren, wenn wir die Vielfalt in der Tierwelt dezimieren. Aber ohne sie wird unser Leben auch zunehmend einförmiger und, ja, auch ein Stückchen trostlos.

FLIEGEN WIE BEI AVATAR

Ich glaube, damit wir spüren, wie wichtig es ist, die Vielfalt zu erhalten, müssen wir sie erleben, so oft es geht. Das kann bei Ihnen um die Ecke sein, aber auch in entlegeneren Winkeln.

Ein schönes Beispiel fand ich vor einigen Jahren im Norden von Laos vor. Die Dschungel jenseits des Flusses Mekong gehören zu den unerforschtesten unseres Planeten. Nahezu jedes Jahr werden dort neue Tierarten entdeckt, obwohl bereits jetzt darum gekämpft werden muss, diese unberührten Wälder zu erhalten.

In diesem Gebiet leben auch die letzten Exemplare des Westlichen Schwarzen Schopfgibbons.

Gibbons sind mit Abstand meine Lieblingsaffen. Bestimmte Arten werden gerne in Zoos gehalten, und wer sie dort schon beobachten konnte, wird meine Faszination verstehen.

Sie hangeln und schwingen sich geschickt von Ast zu Ast, springen von Baum zu Baum, so schnell und akrobatisch, dass es eher aussieht, als würden die Gibbons durch den Wald fliegen. Möglich machen das ihre extrem langen und beweglichen Arme. Ich bin sicher, Tarzan würde von einem Gibbon nur milde belächelt werden. Wozu auch eine Liane, wenn einen die eigenen Arme so vortrefflich in die Luft katapultieren können?

Noch eine ihrer Eigenschaften macht mir die Gibbons so sympathisch.

Sie singen. Und das meistens im Duett, um Information über die Grenzen ihres Reviers auszutauschen.

Als ich selbst nach Laos reiste, war mir klar, dass ich diese Tiere sehen wollte.

Ich stieß auf ein Artenschutzprojekt, wie ich es noch nie erlebt habe und von dem ich Ihnen gerne an dieser Stelle erzählen möchte. Warum? Weil ich glaube, dass Artenschutz nur funktioniert, wenn wir die Möglichkeit haben, die besonderen Juwele unseres Planeten auch zu besuchen und zu erleben, solange diese dadurch keinen Schaden nehmen.

In die riesigen Bäume des Dschungels wurden im Rahmen eines nachhaltigen Tourismusprojekts ein paar

Baumhäuser in luftiger Höhe gebaut und mit sogenannten *Zip-lines* verbunden. Das sind gespannte Stahlseile, auf denen man sich einhakt, um dann mit einem Affenzahn über die Baumwipfel hinwegzuzischen. Ganz kleinen Gruppen von Touristen wird so ermöglicht, ein paar Tage im Reservat zu verbringen und die Natur dort zu beobachten. Einer von ihnen war ich.

Ein Jeep fuhr uns über eine Schlammpiste tief in den Dschungel hinein, zu einem Dorf des Naturvolks, das in dem Wald lebt.

Die Menschen dort sind eher klein gewachsen ... und verdammt gut in Form.

Angeblich musste man vom Dorf aus in einer »leichten Wanderung« hinauf in den Urwald steigen.

Bei fünfzehn Grad Außentemperatur wäre es vielleicht wirklich eine leichte Wanderung gewesen, die Wirklichkeit waren aber klimatische Verhältnisse, die denen in einem Druckkochtopf ähnelten. Als wir endlich in der Nähe der Zip-lines und der Baumhäuser ankamen, war die Mühe jedoch rasch vergessen. Schon beim Aufstieg hatte ich etwa handgroße Schmetterlinge gesehen, aber das war nichts im Vergleich zu dem, was ich sah, als ich mich in die Zip-lines einhakte. Die längste davon war etwa einen halben Kilometer lang. Ich stieß mich ab, und plötzlich jagte ich über die riesigen Baumkronen des Dschungels und fühlte mich wie Jake Sully, der im Film *Avatar* mit seiner Flugechse über die Wildnis von Pandora segelt. Unter mir sah ich riesige Nashornvögel krächzend von Baum zu Baum fliegen, und kleine, smaragdgrünen Blattvögel zischten in den Baumkronen umher.

Die Baumhäuser selbst besaßen zu meiner Überraschung sogar eine angenehm kühle Dusche, nach dem schweißtreibenden Aufstieg vermutlich sogar die beste Dusche meines Lebens, und ein Fernrohr, um das Leben in den Baumkronen zu betrachten. In der ersten Nacht hörten wir seltsame Geräusche aus dem Wald, etwas zwischen Grunzen und Brüllen. Keiner der Gruppe konnte sagen, um welches Tier es sich dabei wohl handelte. Später in der Nacht erwachte ich, weil mich Donnergrollen im benachbarten Tal geweckt hatte. Als ich in den nächtlichen Dschungel hinaussah, erblickte ich etwas, was so schön war, dass ich es heute noch kaum begreifen kann. Die Baumkronen leuchteten. Unzählige Glühwürmchen schwebten in ihnen herum und tauchten sie in ein mystisches Licht.

Am nächsten Morgen lag Nebel über dem Dschungel. Wir hatten gerade gefrühstückt, da hörten wir plötzlich etwas. Den Gesang der Gibbons ... und als der Nebel sich verzog, konnten wir eine ganze Gruppe von ihnen, inklusive Jungtiere, dabei beobachten, wie sie sich akrobatisch durchs Geäst schwangen.

Dieses Erlebnis gehört bestimmt zu den großartigsten in meinem Leben, und das Geld, das ich dafür ausgegeben habe, schützt die Gibbons, ihren mystischen Dschungel und auch die Menschen, die dort noch ihrer traditionellen Lebensweise folgen können.

Die Natur und die Tierwelt bergen das Potenzial, uns tief und nachhaltig zu beeindrucken. Deshalb bin ich überzeugt, dass wir die Natur erlebbar machen müssen, natürlich auf eine Weise, die sie nicht zerstört, genau so, wie es im Wald der Gibbons passiert. Wer etwas so Schönes erlebt, sei es nun in den Wäldern von Laos oder einfach vor einer verwilderten Hecke hinter dem Garten, die voller Schmetterlinge und zwitschernder Singvögel ist, dem wird es niemals egal sein, wenn diese Orte und damit die Tiere darin verschwinden.

DER SCHATZ VON LA DIGUE

Begegnungen mit Wildtieren können mehr, als uns einfach nur zu erfreuen. Manchmal kommen sie zur richtigen Zeit mit der richtigen Botschaft. Ich kann Ihnen nicht sagen, was das für Sie sein könnte. Wir verlassen jetzt den Bereich der Wissenschaft und werfen einen ganz persönlichen Blick in unser Inneres.

Mein Rat dafür: Gehen Sie mit offenen Augen durch die Welt, stecken Sie Ihr Smartphone weg und schauen Sie einfach. Vielleicht bringt ja eine ganz besondere Begegnung etwas in Ihnen zum Schwingen. Lassen Sie es einfach passieren.

Während ich nicht sagen kann, welche Begegnung mit einem Tier Eindrücke auf Ihrem persönlichem Lebensweg hinterlassen wird, kann ich Ihnen zumindest von einer Begegnung erzählen, die mir ganz besonders viel bedeutet.

Vor einigen Jahren unternahm ich eine Reise auf die Seychellen. Möglicherweise entstehen vor Ihrem inneren Auge jetzt Bilder von einsamen weißen Sandstränden und türkisblauem Meer, und Sie wünschten sich, Sie wären jetzt auch da. Nun ja, ein bisschen muss ich mit dieser paradiesischen Vorstellung aufräumen. Die kleinen Inseln im Indischen Ozean werden durch viel zu billige Flüge ein immer beliebteres Urlaubsziel und sind schon ziemlich überrannt.

Natürlich gibt es dort wunderschöne Strände, aber Sie werden vielerorts Schwierigkeiten haben, diese zu fotografieren, ohne ein Dutzend anderer Touristen auf dem Bild zu haben, die gerade verzweifelt versuchen, ein Selfie von sich zu schießen, auf dem es so aussieht, als wäre niemand außer ihnen auf diesem Strand.

Und dann ist da noch die Sache mit den Hochzeiten. Besonders bei Chinesen sind die Seychellen eine beliebte Destination zum Heiraten. Aber Vorstellung und Wirklichkeit klaffen da doch ein wenig auseinander. In den meisten Jahreszeiten ist es auf den Seychellen heiß und sehr feucht. Ein bisschen so wie in einem Dampfbad. Versuchen Sie dort nie, Ihr Badetuch auf einem Balkon zu trocknen, es wird nur noch feuchter. Und auch Sie selbst werden sich selten richtig trocken fühlen.

Umso faszinierter habe ich, während ich gemütlich am Strand lag, die Hochzeitspaare beobachtet, die dort immer für »romantische Fotoshootings« posierten.

In Anzug und Hochzeitskleid schwitzend kämpften Sie sich durch den Sand und posierten mit verkrampften Mienen auf irgendwelchen Felsen. Apropos Sand. Der ist tatsächlich wunderbar weiß und pudrig, aber gleichzeitig so fein, dass er überall an Ihnen kleben bleibt. *Überall!*

Auch darauf schienen die schwitzenden Hochzeitspaare nicht vorbereitet gewesen zu sein. Aber vermutlich kann man Sandbeläge auf Anzügen, Hochzeitskleidern und menschlicher Haut mittlerweile rückstandslos retuschieren.

Aber kommen wir nun zu meinem besonderen Erlebnis.

Auf manchen Inseln haben sich durch die Abgeschiedenheit vom Festland besondere Tier- und Pflanzenarten entwickelt, die wirklich nur an diesem Ort vorkommen. Man nennt das *endemisch*. Endemische Tierarten sind meisten besonders gefährdet oder in vielen Fällen bereits ausgestorben, weil sie nirgendwohin ausweichen können, wenn sich ihr kleiner Lebensraum verändert. Das ist auf den Seychellen nicht anders, wo bereits einige Vogelarten wie der Seychellen-Sittich ausstarben.

Gott sei Dank ist es aber gelungen, einige dieser besonderen und stark bedrohten Tierarten unter Schutz zu stellen. Und eine davon wollte ich unbedingt sehen.

Sie lebt nur auf einer der vielen Inseln der Seychellen. Auf einem kleinen Eiland namens La Digue.

Die Insel ist weitgehend autofrei. Man bewegt sich mit dem Fahrrad oder zu Fuß fort. Etwa im Zentrum der Insel befindet sich ein sumpfiges Naturschutzgebiet. Dort, und nur dort, lebt das Tier, das ich unbedingt sehen wollte.

Der Seychellen-Paradiesschnäpper oder, wie die Einheimischen diesen kleinen Vogel nennen, die *veuve* (das bedeutet übersetzt Witwe). Wahrscheinlich heißt er so, weil das blauschwarz schimmernde Gefieder des Männchens an eine edel gekleidete Witwe erinnert.

Man schätzt, dass es nur noch etwa zweihundert *veuves* gibt, auf der ganzen Welt. Und so gut wie alle leben auf La Digue. In der Vergangenheit wurden sie stark dezimiert. Die Baumarten, in denen sie am liebsten auf Insektenjagd gehen, wurden gefällt und durch Gärten ersetzt. Und eingeschleppte Ratten kletterten zu ihren Nestern empor und fraßen ihre Gelege.

Die Regierung der Seychellen unternahm einiges, um diesen kleinen Vogel zu retten. Sie stellte sein letztes Rückzugsgebiet unter strengen Schutz und zeigt den Stolz auf dieses wunderschöne Tier, indem es einen ihrer Geldscheine ziert.

Dass es diesen Vogel überhaupt noch gibt, erschien mir wie ein kleines Wunder, und ich wollte ihn während meines Aufenthalts auf La Digue unbedingt sehen. Mehrmals durchquerte ich das Schutzgebiet im Zentrum der Insel und lauschte. Angeblich klingt der Gesang der *veuve*, wie wenn ein Mensch seinen Hund zu sich zurückpfeift.

Leider hörte ich nichts dergleichen, während ich durch den Wald spazierte und mich immer wieder unter den Netzen der etwa handgroßen Palmspinnen durchduckte.

Diese sind zwar harmlos, aber Hand aufs Herz, würden Sie gerne Gesicht voran in so eine riesige Spinne und ihr Netz hineinlaufen? So schön ich diese Tiere aus der Ferne finde, da passe ich lieber.

Während ich mich in dem Schutzgebiet umsah, sah ich nur immer wieder Flughunde, die sich lärmend an irgendwelchen Früchten labten, hörte Zikaden und das Gurren der kleinen Sperbertäubchen, die es überall auf der Insel gab, und manchmal sogar – ja – das Krähen eines Hahns, da auf La Digue überall verwilderte Haushühner leben.

Nur einmal war mir, als würde ich in der Ferne etwas hören, was ein wenig an das Pfeifen der *veuve* erinnerte, aber vielleicht hatte ich mir das auch nur eingebildet. Meine Enttäuschung kannte keine Grenzen. Ich kann nicht sagen, wie sehr ich mich gefreut hätte, diesen wunderschönen Vogel zu Gesicht zu bekommen, aber egal wo ich suchte, er schien sich mir zu entziehen. Es schien, als könnte ich die ganze Welt auf den Kopf stellen, würde aber trotzdem keine *veuve* sehen.

An meinem letzten Abend auf La Digue ließ ich die Sache schließlich sein. Wenn es nicht sein sollte, dann eben nicht. Anstatt mich wegen der Sache aufzureiben, beschloss ich, einfach den Abend auf der Insel zu genießen.

Nach einer Radtour landeten wir in einer kleinen Bar an einem der vielen Strände. »Bar« ist eigentlich übertrieben. Im Wesentlichen war es eine Bretterbude, in der eine sehr gelangweilt dreinblickende Frau stand und mit größtmöglicher Langsamkeit Smoothies aus frischen Früchten zubereitete. Vor der Bar döste eine gewaltige Seychellen-Riesenschildkröte, die ähnlich energiegeladen wirkte wie die Barkeeperin. Das Tier schien sich die Bar als Zuhause ausgesucht zu haben, so schien es wenigstens.

Ein paar Einheimische lagen auf Klappstühlen und blinzelten entspannt in die untergehende Sonne und das sanft vor sich hinplätschernde Meer.

Ich setzte mich, nippte an meinem Smoothie und fühlte mich plötzlich so entspannt wie lange nicht. Ich hatte mit einem Mal nicht mehr das Gefühl, etwas machen oder schaffen zu müssen. Alles, was mir beruflich noch im Kopf herumschwirrte, erschien mir unendlich weit weg. Alles war genau so gut, wie es jetzt war. Und nein, falls Sie das jetzt glauben, ich hatte nicht kurz davor irgendein dubioses einheimisches Kraut geraucht.

Alles an diesem Ort schien so friedlich, und zum ersten Mal fühlte ich mich auch in meinem Inneren so.

Irgendwann schlenderte ich gemütlich zur Bar zurück, um mein Glas zurückzugeben. Da hörte ich etwas, ganz leise. Ein Blätterrascheln, direkt über mir, obwohl es ziemlich windstill war.

Als ich aufblickte, saß direkt über mir der Seychellen-Paradiesschnäpper, neigte seinen Kopf und schien mich zu betrachten.

Ich glaube, ich habe gleichzeitig gejauchzt und bin gehüpft, so unkoordiniert und heftig, dass ich beinahe auf den Kopf der Riesenschildkröte gestiegen wäre, die sich mit überraschender Geschwindigkeit in Sicherheit brachte.

Die davor so lethargische Barkeeperin lachte auf, weil sie sich so über meine Begeisterung freute, und auch die Einheimischen in ihren Klappliegen schmunzelten mir zu. Für einen Moment dachte ich, ich hätte die *veuve* verscheucht, aber das Männchen beachtete mich gar nicht mehr, hüpfte geschickt durch das Geäst und begann nach Mücken zu schnappen.

Ich deutete begeistert auf den Vogel, aber die Einheimischen nickten nur.

»Er kommt gern hierher«, meinte eine von ihnen. »Manchmal nimmt er seine Frau mit.«

Ich setzte mich enthusiastisch und beobachtete den Vogel minutenlang dabei, wie er durchs Blätterdach flitzte. Sobald ein Sonnenstrahl auf sein Gefieder fiel, begann es blau und grün zu schillern.

Nach einer Weile tauchte tatsächlich auch noch »seine Frau« auf. Erheblich schüchterner als ihr Gemahl, blieb sie aber auf Abstand und beäugte uns eher misstrauisch. Irgendwann zogen sich die beiden wieder ins Innere der Insel zurück, wo ich so intensiv nach ihnen gesucht hatte.

Am Ende, wie bei so vielen Dingen im Leben, musste ich nur Geduld haben und lernen zuzulassen, dass das Schöne und Gute seinen Weg in mein Leben findet.

Ich bin dankbar, dass dieser kleine Vogel noch da war, um mich daran zu erinnern. Allein die Erinnerung an unsere Begegnung lässt mich heute noch lächeln, und dann fühlt es sich so an, als wären Stress und Getriebenheit ganz weit weg. Sogar während ich diese Zeilen schreibe, muss ich lächeln.

DIE VERBINDUNG ZU UNSEREN HAUSTIEREN

In der Vergangenheit haben manche Tierarten davon profitiert, den Menschen auf seinem Weg durch die Geschichte zu begleiten. Sie passten sich auf einzigartige Weise an uns an, lernten unsere Körpersprache und Mimik zu lesen, wie ihre wilden Vorfahren es nicht beherrschten. Aber auch wir haben uns durch unsere tierischen Begleiter weiterentwickelt. Für mich ist es völlig ausgeschlossen, dass sich die menschliche Gesellschaft ohne domestizierte Tiere auf diese beachtliche Weise entwickeln hätte können. Werfen wir in den folgenden Kapiteln nun einen kleinen Blick auf den Einfluss, den unsere Haustiere auf uns haben können.

VON BIGOTTEN WÜHLMÄUSEN

Lassen Sie uns gemeinsam ein kleines Experiment durchführen, das Ihnen zeigen wird, wie eng wir tatsächlich mit der Tierwelt verbunden sind. Vielleicht bringt es Sie ja genauso zum Staunen wie mich.

Denken Sie jetzt bitte an ein Tier, das Sie besonders gernhaben. Vielleicht haben Sie selbst einen Hund oder eine Katze, oder Sie mögen das Tier eines Bekannten oder Freundes besonders gern? Die einzige Vorgabe: Das Tier sollte ein Fell haben.

Stellen Sie sich dabei vor, Sie vergraben Ihre Finger im Fell dieses Tiers und streicheln es. Das Fell fühlt sich warm an. Wenn es sich um eine Katze handelt, spüren Sie für einen Moment ihr Schnurren. Vielleicht sind es ja auch die weichen Nüstern eines Pferds oder das flauschige Fell eines Kaninchens. Was auch immer für Sie am besten funktioniert.

Schließen Sie nun für die nächsten zwanzig Sekunden die Augen und stellen sich fest vor, wie dieses Tier aussieht und wie es sich anfühlt, es zu streicheln.

Und? Wie war es für Sie? Fühlen Sie sich irgendwie anders als vor dieser kleinen Übung?

Wenn ich dieses Experiment bei mir selbst durchführe oder besser, wenn ich *wirklich* ein Tier streichle, das ich mag, passiert etwas.

Ganz einfach ausgedrückt: Es ist angenehm. Aber genau dieses angenehm ist viel mehr, als Sie vielleicht glauben.

Es konnte gezeigt werden, dass der menschliche Körper durch Streicheln eines Haustiers das Hormon Oxytocin ausschüttet.

Und dieses Hormon bewirkt in überwiegendem Maße Wohlbefinden. Vielleicht hat sogar bereits unser kleines Experiment dazu geführt, dass Ihr Körper dieses Hormon vermehrt freisetzt und Ihnen ein angenehmes Gefühl bereitet.

Es wird übrigens auch gebildet, wenn Sie Ihren Partner berühren oder von diesem berührt werden, deshalb wird es in diversen Klatschmagazinen gerne auch als »Kuschelhormon« bezeichnet.

Ganz einfach können wir jedenfalls sagen: Oxytocin verstärkt Bindung. Sehen wir uns hierzu kurz zwei ganz ähnliche Tierarten an. Die Präriewühlmaus und die Bergwühlmaus. Die beiden Arten unterscheiden sich nur in einem Parameter ganz wesentlich. Die Präriewühlmaus ist absolut monogam. Die Bergwühlmaus ... na ja, ist eher der Abwechslung zugetan. Man fand heraus, dass die vorbildliche Präriewühlmaus über höhere Oxytocinspiegel verfügt, und vermutete, dass ihre dauerhafte Bindungsfähigkeit etwas damit zu tun haben könnte. Um dieser Sache auf den Grund zu gehen, fing man ein paar Präriewühlmäuse und führte eine ziemlich hinterhältige Studie an ihnen durch.

Man verabreichte den braven Präriewühlmäusen eine Substanz, die die Wirkung von Oxytocin blockiert. Und tatsächlich, die bigotten Präriewühlmäuse führten sich plötzlich auf wie die schlimmsten Don Juans und unterschieden sich in ihrem Verhalten nicht mehr von ihren Vettern in den Bergen.

Oxytocin ist also für langfristige soziale Bindungen wichtig, genauso wie für Vertrauen und Liebe.

Das Spannende dabei: Der Mensch ist mit seinen Haustieren dermaßen verbunden, dass unser Körper auch auf ihre Berührung ähnlich reagiert wie auf die eines geliebten Menschen. Einer der vielen Vorteile im Zusammenleben mit einem Tier.

Oxytocin kann, nebenbei gesagt, natürlich mehr als das. Es gilt im Geburtsvorgang als Wehenauslöser und spielt eine wichtige Rolle beim Stillen.

An die Männer dort draußen, keine Sorge, dieses Hormon wird auch im männlichen Körper natürlicherweise gebildet und bewirkt dort keinerlei Verweiblichung. Ganz im Gegenteil, beim Geschlechtsverkehr bewirkt seine Ausschüttung Lustgewinn und ist auch am entspannten Gefühl nach dem Orgasmus beteiligt.

Beim Streicheln eines Haustiers wird das Hormon Oxytocin ausgeschüttet.

Dieses bereitet Wohlbefinden und stärkt soziale Bindungen.

Es ist dasselbe Hormon, das bei Berührungen des Partners ausgeschüttet wird.

Bei manchen Tierarten wird monogames Verhalten vermutlich durch hohe Oxytocinspiegel gefördert.

DIE SCHNURRKUR

Bestimmt ist es Ihnen schon aufgefallen: Eine schnurrende Katze auf dem Schoß hat eine beruhigende Wirkung, und während Sie über ihr Fell streichen, werden Sie sich wahrscheinlich weniger Sorgen wegen eines anstrengenden Tags in der Arbeit, uneinsichtiger Kinder, nörgelnder Partner oder Ähnlichem machen.

Das Schnurren der Katze scheint uns noch eine Extraportion Entspannung zu verschaffen, die auf den angenehmen Effekt des Streichelns draufgeschlagen wird.

Hauskatzen sind übrigens nicht die einzigen Vertreter der Katzen, die schnurren. Während meines Studiums machte ich in einem Zoo einmal Bekanntschaft mit einem äußerst anhänglichen Geparden. Während ich ob der Größe des Tiers eher zurückhaltend war, rieb der Gepard seinen Kopf an mir und schnurrte, was das Zeug hielt, bis er mich endlich überzeugt hatte, ihn hinter dem Ohr zu kraulen.

Tatsächlich schnurren sogar Löwen und Tiger. In der Regel dient das Schnurren der Kommunikation zwischen Katzenmutter und Katzenwelpen während des Säugens. Aber auch bei erwachsenen Katzen dient es dem Zweck, eine friedliche Grundhaltung zu signalisieren.

Das Schnurren der Katzenartigen hat aber noch ganz andere erstaunliche Effekte, als uns zu entspannen. Viele Katzenbesitzer wissen: Ihre Gefährten schnurren nicht nur, wenn sie entspannt sind, sondern manchmal auch, wenn sie Stress oder Schmerzen haben.

Wollen sie sich damit selbst oder andere Katzen beruhigen? Wahrscheinlich.

Aber das Schnurren hat noch eine ganz andere Wirkung.

Schon lange wunderten sich Forscher, warum Knochenbrüche bei Katzen schneller heilen als bei anderen Tieren. Die Antwort scheint im Schnurren begründet zu sein.

Dieses versetzt den Körper der Katze in Resonanz, lässt ihre Muskeln und ihr Gewebe schwingen. Mechanische Reize gelangen an Gelenk und Knochen. Der Stoffwechsel wird angeregt, und der Gewebeumbau, der zur Knochenheilung nötig ist, kann effizienter stattfinden.

Manche Forscher vermuten sogar, dass sich das Schnurren einer Katze positiv auf menschliche Knochenheilung oder auf die Erhöhung der Knochendichte auswirken kann. Erwiesen ist das allerdings nicht, obwohl ich mir vorstellen könnte, dass viele Patienten gerne an einer Studie teilnehmen würden, bei der sie sich täglich eine schnurrende Katze auf den Schoß setzen dürfen. Allein, ob die Katzen bei so einem Experiment mitmachen würden, das steht, wie jeder Katzenbesitzer weiß, in den Sternen.

Das Schnurren der Katze hat nicht nur eine soziale Bedeutung.

Es versetzt das Gewebe der Katze in Schwingung und beschleunigt die Knochenheilung.

GESUND MIT HUND

Zum Thema, wie Haustiere unsere psychische Gesundheit verbessern und unser Wohlbefinden steigern, gibt es so viele wissenschaftliche Nachweise, dass es mir schwerfällt, nur ein paar herauszupicken.

Was es zum Beispiel in verschiedenen Lebensabschnitten für uns Menschen bedeutet, einen Hund zu besitzen, beschreibt die britische Fachzeitschrift *The Psychologist* sehr treffend.

Schon Babys im Alter von sechs Monaten können zwischen einem batteriebetriebenen Stoffhund und einem echten Hund unterscheiden. Sie lächeln den echten Hund öfter an, wollen ihn berühren und versuchen mit Lauten mit ihm zu kommunizieren. Die Gegenwart eines Hundes stimuliert bereits das Gehirn unserer Allerjüngsten und fördert ihre geistige Entwicklung.

Hier eine Warnung, so schön die Interaktion zwischen Babys und Hunden auch sein mag. Bleiben Sie immer dabei und lassen Sie die nötige Vorsicht walten. *Immer.*

Wenn die Kinder etwas älter werden und man sie nach den zehn wichtigsten Individuen in ihrem Leben fragt, sind dabei bis zu zwei Plätze für ihre Haustiere reserviert.

Schon ab dem Alter von sieben werden Hunde auch zu einem sozialen Rückhalt für die Kleinen. Viele Kinder erzählen ihren Hunden von ihren Gefühlen, ihrem Kummer, wenn sie verärgert sind, oder auch, wenn sie ein Geheimnis haben. Das hilft ihnen schon früh, ihre Gefühle zu artikulieren und zu lernen, sie zu bewältigen. Vielleicht hilft hier auch das Sicherheitsgefühl, das durch das Streicheln des Tiers und die dadurch ausgelöste Oxytocin-Ausschüttung entsteht.

Dies funktioniert im Übrigen auch bei Erwachsenen, selbst wenn diese nie ein Haustier oder einen Hund besessen haben. Zur Traumabewältigung, aber oft auch für polizeiliche Ermittlungen, müssen Betroffene oft die schlimmsten Momente ihres Lebens rekapitulieren, was unglaublich belastend sein kann.

In einem Versuch konnte gezeigt werden, dass es Probanden leichter fällt, über negative Erlebnisse zu sprechen, wenn ein Hund im Raum ist. Es scheint, als würde allein die Gegenwart des Hundes das Stresslevel senken, das mit der Erinnerung an ein schreckliches Erlebnis einhergeht. Denn spannenderweise machte der Hund keinen Unterschied, wenn es darum ging, über positive Erlebnisse zu sprechen.

Hier muss natürlich klargestellt werden, dass es sich um freundliche und ruhige Therapiehunde handelte. Ein wild knurrender Rottweiler hätte wohl eher gegenteilige Effekte gehabt.

Bleiben wir gleich bei den Erwachsenen. Hundebesitzer kommen durch ihr Haustier in den Genuss vieler gesundheitlicher Vorteile. Das mag ganz simple Gründe haben. Ein Hund motiviert seinen Besitzer, sich regelmäßig zu bewegen und mehr Zeit in der Natur zu verbringen, sofern diese erreichbar ist. Vor allem bei älteren Hundebesitzern konnte eine Studie der University of Life Science in Prag deutlich zeigen, dass diese sich mehr bewegen, generell gesünder sind und sich emotional wohler fühlen. Im Schnitt war auch ihr Body Mass Index signifikant niedriger als bei Nichthundebesitzern. Auch scheinen Hundebesitzer in höherem Alter bei Spaziergängen leichter ins Gespräch mit anderen Leuten zu kommen. Ihr Hund kann also auch einen positiven Effekt auf ihr Sozialleben haben.

Dies war nur ein kurzer Streifzug durch die vielen positiven Aspekte, die das Leben mit einem Hund in unterschiedlichen Lebensphasen haben kann. Falls Sie noch keinen Hund haben und nach diesen Zeilen erwägen, sich einen zuzulegen, überlegen Sie sich das trotz all der genannten Vorteile bitte gründlich.

Ein Hund ist zeit seines Lebens auf Sie angewiesen, und Sie tragen die Verantwortung für sein Wohlbefinden. Wenn sich Ihr Kind einen Hund wünscht, rechnen Sie trotz aller guten Vorsätze nicht damit, dass das Kind mit dem Hund frühmorgens spazieren gehen wird oder die Erziehung des Hundes übernimmt. Das werden höchstwahrscheinlich auf die Dauer Sie und Ihr Partner übernehmen müssen. Bitte beachten Sie auch, dass Hunde genau wie wir Menschen krank werden können und Sie Geld auf der Seite haben sollten, um die Tierarztkosten zu bezahlen.

Verzeihen Sie mir bitte den »erhobenen Zeigefinger«, aber besonders in den letzten Jahren scheinen sich immer mehr Menschen einen Hund zuzulegen, nur um ihn kurz darauf im Tierheim abzugeben, weil sie das Tier nicht mehr interessiert. Die Tierheime stoßen vielerorts an ihre Kapazitätsgrenze, und die abgegebenen Tiere verstehen die Welt nicht mehr. Aber da Sie dieses Buch lesen, glaube ich ohnedies, dass Ihnen Tierwohl ein Anliegen ist und Sie sich besonnen für Hundehaltung entscheiden würden.

Dafür ein großes Dankeschön!

Hundehaltung wirkt sich bereits im Kindesalter positiv auf die geistige und soziale Entwicklung des Kindes aus.

Hunde sind für Kinder zwischen sieben und zehn wichtige »Bezugspersonen«, denen sie oft ihre Gefühle und Geheimnisse anvertrauen.

Im Erwachsenenalter erhöht ein Hund im Schnitt die körperliche Fitness sowie die Zeit, die wir in der Natur verbringen.

Besonders stark ist dieser Effekt bei älteren Menschen zu beobachten, die im Schnitt länger fit bleiben und einen höheren Grad an Wohlbefinden verspüren.

MIT TIEREN THERAPIERT

Immer öfter werden sogenannte tiergestützte Therapien angeboten. Allgemein betrachtet bedeutet das, dass neben einem ausgebildeten Therapeuten auch ein oder mehrere Therapietiere an einer Sitzung teilnehmen, mit denen der Patient interagiert oder um die er sich kümmern muss. Tiergestützte Therapien können in ganz verschiedenen Situationen hilfreich sein. Man hat sie versuchsweise in Gefängnissen angewandt, um Stress und Aggressionen von Patienten und Mitarbeitern zu reduzieren. Beliebt sind sie auch in Altenheimen. Viele der Bewohner dort leiden unter unterschiedlichen Formen von Demenz, andere verhalten sich zunehmend passiv und lethargisch.

Während Interaktionen mit einem Tier Demenz nicht heilen können, helfen sie den Menschen allerdings, mental präsent zu bleiben, sich zu konzentrieren und natürlich auch die Freude zu empfinden, die der Umgang mit einem Tier mit sich bringt. Auch bei Kindern mit psychischen Störungen hat sich tiergestützte Therapie als hilfreich erwiesen. Der Umgang mit den Tieren kann Stress, Angst und Wut mildern, selbst bei Kindern, die kurz davor wegen einer akuten Verschlechterung in eine psychiatrische Anstalt eingewiesen werden mussten.

Generell existieren unterschiedliche Formen der tiergestützten Therapien. Wichtig ist, dass es sich um ausgebildete Therapietiere handelt, die ein ruhiges Temperament mit sich bringen. Therapietiere sind nicht mit Begleittieren wie Blindenhunden zu verwechseln, die eine ganz andere Ausbildung durchlaufen.

Bei Therapietieren setzt man zwar ebenfalls gern auf Hunde, aber auch Pferde erfreuen sich zunehmender Beliebtheit, da diese unglaublich sensibel in Bezug auf nonverbale Kommunikation sind und mit ihrer Feinfühligkeit direktes Feedback auf die Gefühle der Patienten geben können. Wichtig ist auch, auf das Wohlergehen dieser Therapietiere zu achten, und ihnen genug Pause und Abwechslung zu gönnen. Hand aufs Herz, wem von uns tut eine Kaffeepause mit Kollegen an einem harten Arbeitstag nicht auch mal gut?

Vielleicht haben Sie im Zusammenhang mit tiergestützten Therapien auch schon von sogenannten Delfintherapien gehört, die für Kinder mit verschiedenen Behinderungen angeboten werden. Hierzu kann ich Ihnen wenig sagen, da es nur wenige Untersuchungen dazu gibt, und viele wurden von Betreibern solcher Delfinanlagen selbst organisiert und durchgeführt. Prinzipiell bin ich überzeugt, dass der Kontakt zu trainierten Delfinen in der Anwesenheit eines Therapeuten einen positiven Einfluss auf das Verhalten und die Entwicklung eines Kindes haben kann. Fraglich ist für mich aber, ob dieselben positiven Effekte nicht auch mit ausgebildeten Hunden oder Pferden zu erreichen wären, denn momentan wird intensiv diskutiert, ob Delfine in Gefangenschaft überhaupt artgerecht gehalten werden können … und sollten.

Positive Effekte tiergestützter Therapien mit Haus- oder Nutztieren konnten auf jeden Fall schon bei vielen Krankheitsbildern gezeigt werden, zum Beispiel bei der Aufmerksamkeitsdefizit-/Hyperaktivitätsstörung (ADHS), bei schweren Depressionen, beim Posttraumatischen Stresssyndrom, aber auch bei körperlichen Leiden wie chronischem Schmerz und Demenz. Vielleicht ist es einfach die natürliche Verbindung, die wir zu Tieren aufbauen, die es uns leichter macht, ein klein wenig loszulassen, zu entspannen und dadurch unsere Probleme leichter überwinden zu lernen.

Bei tiergestützten Therapien kommt neben einem Therapeuten auch ein ausgebildetes Tier, meistens ein Hund oder ein Pferd zum Einsatz, mit dem der Patient in Kontakt tritt.

Ihr Nutzen konnte unter anderem bei bei der Aufmerksamkeitsdefizit-/Hyperaktivitätsstörung (ADHS), bei schweren Depressionen, beim Posttraumatischen Stresssyndrom, aber auch bei körperlichen Leiden wie chronischem Schmerz und Demenz gezeigt werden.

DAS VERBRENNEN DES SCHATZES

In den vorigen Teilen haben wir gemeinsam eine Reise durch die Vielfalt des Tierreichs unternommen. Wir haben eine Reihe von schier unglaublichen Anpassungen kennengelernt, die das Potenzial haben, heilende Aspekte auf die unterschiedlichsten Bereiche unseres Lebens auszuüben. Doch was passiert, wenn wir die Schatzkiste geschlossen lassen und sie anzünden, ohne zu wissen, was darin ist? Auf diese Frage möchte ich in den nächsten Seiten eingehen und Ihnen ein paar Beispiele dazu nahebringen. Lassen Sie mich aber zuerst erzählen, wie ich überhaupt damit begann, mich mit diesen Fragestellungen zu befassen.

EINE GESUNDHEIT

Während meines Veterinärmedizinstudiums gelangte ich eines Tages an einen Punkt, an dem ich mich entscheiden musste, auf welchen Zweig der Veterinärmedizin ich mich spezialisieren wollte. Wiederkäuer-, Kleintier-, Pferde-, Geflügel- und Schweinemedizin oder Lebensmittelsicherheit. Ich weiß noch, wie uns die verschiedenen Schwerpunkte in einem großen Hörsaal voller Professoren in weißen Mänteln nahegebracht wurden.

Die Begeisterung meiner vielen Kolleginnen und Kollegen teilte ich nicht besonders. Ich war immer schon jemand gewesen, der gern über den Tellerrand blickte und am großen Ganzen interessiert war, daher bedeutete der Gedanke an eine Spezialisierung, dass ich auf etwas anderes verzichten musste. Der zweite Grund war, dass ich mich, obwohl ich mein Studium wirklich liebte, nicht in einer veterinärmedizinischen Praxis sah. Ich hatte das ehrliche Gefühl, dass es Leute gab, die das besser konnten. Vielleicht auch, weil ich über die Feinmotorik eines Gorillas verfüge, die mich spätestens dann im Stich ließ, wenn ich die Vene eines Kätzchens treffen sollte oder versuchte, eine Maus zu kastrieren.

Ich beobachtete den Organisator der Veranstaltung, der anerkennend nickte, während die Professoren von ihren Schwerpunkten erzählten, und überlegte mir, was mir noch am ehesten liegen würde, da betrat noch jemand den Hörsaal.

Der Mann war ein bisschen wie Indiana Jones gekleidet, und man konnte sich vorstellen, dass er sich durch eine entlegene Wildnis kämpfte, um einen Leoparden zu fangen.

Später erfuhr ich, dass er genau das schon getan hatte ...

Als die Professoren mit ihren PowerPoint-Präsentationen fertig waren, räusperte sich der Neuankömmling und trat zu uns nach vorn.

»Ich möchte euch (mir gefiel, dass er uns duzte) den neuen Schwerpunkt ›Conservation Medicine‹ vorstellen.«

Ich runzelte die Stirn. Keine Ahnung, was das sein sollte.

Der Mann schien zu wissen, dass wir keine Ahnung hatten, und projizierte eine Folie an die Wand, an die ich mich immer noch erinnere.

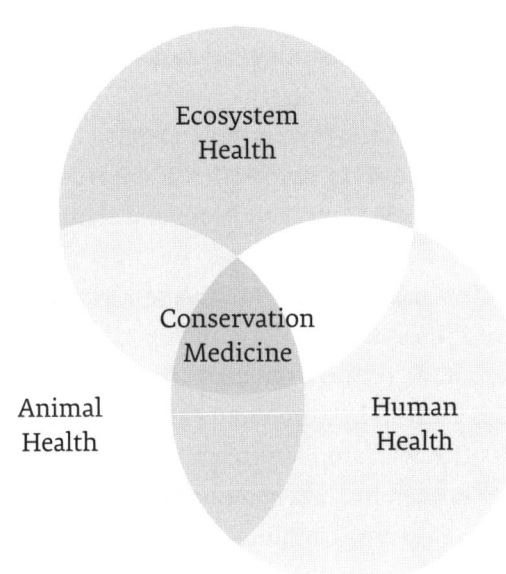

»Das Feld ist ziemlich neu. Die Gesundheit von Tieren, Menschen und Ökosystemen interagieren miteinander. Wenn man den Ausbruch von Seuchen, das Verschwinden von Tierarten oder den Zusammenbruch von Ökosystemen verhindern will, muss man das Zusammenwirken all dieser Faktoren verstehen.«

Ich schüttelte ungläubig den Kopf. Das entsprach genau dem, was ich immer schon gedacht hatte. Dass es aus meiner Sicht ein Fehler war, sich in abgekapselten Fachbereichen zu versteigen. Das hier war, was ich gesucht hatte. Das große Ganze.

»Ja, ja«, unterbrach der Organisator den Mann. »Wie Sie wissen, müssen sich mindestens vier Studenten für den Schwerpunkt melden, damit er zustande kommt.«

Der Mann hob den Kopf.

»Würde sich denn überhaupt jemand dafür interessieren?«

Ich sah mich um. In der großen Menge der Studenten hatten nur drei die Hand gehoben. Und dann war meine die vierte.

Ich werde das Grinsen des Manns, sein Name war Chris, und er war Professor für Wildtierbiologie, nie vergessen.

Was darauf folgte, war wohl der aufregendste Teil meines ganzen Studiums. Wir waren nur zu viert, und das machte Dinge möglich wie: »In Frankreich ist ein Nashorn krank, fahren wir schnell hin, um es zu behandeln.« Dass wir von Spezialisten über die Verbindungen zwischen Mensch, Tier und Umwelt hörten und dass wir erst beginnen zu begreifen, wie sehr wir Teil dieses sensiblen Gleichgewichts sind, das man Natur nennt.

Außerdem begriff ich, wie sehr wir uns selbst schaden, wenn wir dieses Gleichgewicht stören.

DIE BÜCHSE DER PANDORA

Während meiner Fachausbildung im Bereich *Conservation Medicine* lernte ich auf eindrückliche Weise, wie die Art, wie wir mit der Umwelt und insbesondere der Tierwelt umgehen, dramatische Auswirkungen auf unsere eigene Gesundheit haben kann. Ich lernte Kreisläufe kennen, die zu sogenannten *Zoonosen* führen können. Das sind Krankheiten, die von Tieren auf den Menschen übertragbar sind. Schon damals, zwölf Jahre vor Ausbruch der Corona-Pandemie, lernten wir, dass Fledermäuse ein Reservoir für viele potenziell gefährliche Viren sind.

Doch die bestimmt wichtigste Lektion war die folgende: Je weiter wir unsere Umwelt zerstören und Wildtierbestände im wahrsten Sinn des Wortes auffressen und desto enger wir Nutztiere auf engstem Raum zusammenpferchen, desto mehr gefährliche Zoonosen werden uns heimsuchen und unser Leben gefährden. Lassen Sie mich mit einer kleinen Geschichte zeigen, auf welch furchtbare Weise das in der Vergangenheit bereits geschehen ist.

Wir schreiben die 1920er Jahre. Wir befinden uns im Südosten Kameruns, am Südufer des Flusses Sanage. Dort kämpft sich eine kleine Gruppe von Jägern durch den Dschungel. Es ist drückend heiß. Jede Bewegung lässt die Jäger schwitzen, und der beschwerliche Weg durch den Dschungel hat Schrammen und kleine Wunden an ihren Armen und Beinen hinterlassen. Ihr Dorf ist kilometerweit entfernt. Es wird vermutet, dass zu dieser Zeit viele

Afrikaner aus ländlichen Gebieten vertrieben wurden. In ihren alten Heimatgebieten fanden sie keinen Platz mehr, da die Kolonialherren die Gebiete übernommen hatten, um dort ihren Hunger nach Rohstoffen und landwirtschaftlichen Gütern zu stillen. Viele der abgewanderten Afrikaner wandten sich damals dem sogenannten *Bushmeat* zu. Das bedeutet, sie suchten sich ihre Nahrung fortan verstärkt im Dschungel, mitunter auch in Gebieten, die zuvor unberührt von menschlichem Einfluss geblieben waren.

Vor einer Lichtung verharrt der Anführer der Jäger plötzlich und gibt seinen Kollegen ein Zeichen, ruhig zu sein.

Die Jäger ducken sich und beobachten. Auf der Lichtung lagert ein Trupp Schimpansen. Die Jungtiere spielen und jagen einander die mächtigen Baumstämme hoch. Die Erwachsenen liegen in der Sonne, lausen sich oder dösen ganz einfach vor sich hin.

Sie haben die Jäger noch nicht bemerkt. Ein absoluter Glücksfall, denn Schimpansen sind alles andere als freundliche Zeitgenossen, wenn sie sich bedroht fühlen.

Die Jäger heben ihre Flinten. Der Anführer gibt ein Zeichen, und dann schießen die Männer gleichzeitig auf die Schimpansen.

Das Geschrei der Menschenaffen ist ohrenbetäubend, als zwei Weibchen und ein Männchen getroffen werden. Die meisten Affen flüchten in den Dschungel. Ein größeres Männchen, vielleicht der Anführer der Gruppe, erspäht die Jäger, rennt auf sie zu und wird ebenfalls erschossen.

Später zerlegen die Jäger ihre blutüberströmte Beute und bemerken nicht, wie das Blut der Affen über ihre eigenen Schrammen und Wunden rinnt.

Für die Jäger war es ein guter Tag. Für die Menschheit einer der schwärzesten Tage überhaupt.

Die Geschichte, die ich Ihnen gerade erzählt habe, entspricht den aktuellsten Erkenntnissen, die man über die Plage hat, die so oder so ähnlich ihren Ursprung genommen hat. Was genau mit den Jägern passierte, kann heute niemand mehr sagen. Ihre Geschichte verliert sich in den Nebeln der Zeit. Jahre später, im Jahr 1930, kam es in Kinshasa, der Hauptstadt der heutigen Demokratischen Republik Kongo, zu einer seltsamen Epidemie. Unzählige Menschen verstarben, aber nicht an ein und derselben, sondern an vielen unterschiedlichen Krankheiten.

Was immer damals losgelassen wurde, es breitete sich schleichend aus, ohne dass irgendjemand davon Notiz nahm. Erst Anfang der 1980er Jahre fiel Ärzten in den USA eine seltsame Häufung ungewöhnlicher Krankheiten auf. Die Patienten litten an Lungenentzündungen, die durch den Parasiten *Pneumocystis* hervorgerufen wurden, der für gesunde Menschen eigentlich keine Gefahr darstellt, nur für solche, die ein stark geschwächtes Immunsystem haben. Andere zeigten seltene Formen von Tumoren, die man in dieser Häufung noch nie beobachtet hatte. Viele von ihnen verstarben, bevor man herausgefunden hatte, worum es sich wirklich handelte.

So titelte die deutsche Zeitschrift *Der Spiegel* im Jahr 1983 wie folgt:

Seither sind an einer Infektion mit dem HI-Virus 36,3 Millionen Menschen gestorben. Das sind mehr als doppelt so viele Opfer, wie der Erste Weltkrieg gefordert hat. Trotz effektiver Medikamente starben im Jahr 2018 noch immer 770.000 Menschen an AIDS. Die Geschichte ist also leider noch immer nicht zu Ende.

Aber was war eigentlich passiert? In aller Kürze: Die Affen trugen das sogenannte SI-Virus (Simianes Immundefizienz-Virus) in sich, Sprich: die Affenform von HIV (Humanes Immunodefizienz-Virus). Die Affen hatten sich über Jahrtausende längst an diesen Begleiter angepasst, und er beeinträchtigte ihre Gesundheit nicht mehr. Man vermutet, dass das Virus in grauer Vorzeit auch in den Affen wild gewütet hat, ehe entweder das Virus seine Tödlichkeit einbüßte oder sich über viele Generationen Schimpansen durchsetzten, die eine gewisse Resistenz gegen das Virus in sich trugen. Vielleicht geschah auch beides. Der Mensch allerdings war noch nie mit diesem Virus in Berührung gekommen.

Gierig und gedankenlos sind wir in die Welt der Schimpansen vorgedrungen und haben die Rechnung dafür präsentiert bekommen. Leider war dies nur einer von vielen Fällen, wo wir so gedankenlos gehandelt haben.

Ich erinnere mich, wie wir genau diesen Fall während unser Conservation-Medicine-Ausbildung diskutiert haben. Einer meiner damaligen Kollegen machte dazu eine, wie ich finde, sehr schlaue Bemerkung.

Die Geschichte der Entstehung von HIV könnte leicht dazu verleiten, die »gierigen, barbarischen Afrikaner« zu verurteilen, die in den Dschungel eingedrungen sind, um Affenfleisch zu essen. Die Wahrheit sei aber komplizierter. Vermutlich waren es Hunger und Verzweiflung, die die Ureinwohner in den Dschungel getrieben haben … Hunger und Verzweiflung, die europäische Kolonialherren verursacht haben, die sich ihre Gebiete aneigneten.

Die Wahrheit ist, dass wir nicht mit dem Finger auf jemanden zeigen können. Das haben wir als gesamte Menschheit verbockt.

Manchmal brauchen wir Menschen leider mehr als eine Lektion, um zu lernen. Vielleicht erinnern Sie sich noch an die SARS-Epidemie, die im Jahr 2002 in China ausbrach. Damals waren achthundert Todesopfer zu beklagen, bevor die Situation wieder in den Griff gebracht werden konnte. Für ein so tödliches Virus, muss man beinahe sagen, kam die Menschheit damals glimpflich davon, auch wenn das in Anbetracht der vielen Toten zynisch klingen mag.

Bei SARS handelte es sich um ein Coronavirus, und damals konnte eindeutig geklärt werden, wie diese Zoonose auf den Menschen überspringen konnte. Das Virus stammte von Marderhunden und Schleichkatzen, die in China in großem Stil in der Pelztierindustrie gehalten werden. Immer wieder wurden auch wilde Marderhunde in diese Zuchtanlagen gebracht, die in freier Wildbahn vermutlich Fledermäuse gefressen hatten, die das Virus in sich trugen.

Nach Ausbruch der COVID-Pandemie mit einem Virus, das dem damaligen SARS-Virus durchaus ähnlich war, hat sich natürlich auch die Frage nach dem Ursprung dieses neuen Virus gestellt. Komplette Sicherheit über dessen Herkunft wird es wohl niemals geben, dazu gibt es wohl nicht den politischen Willen. Hier möchte ich aber gern den deutschen Virologen Christian Drosten zitieren, der hierzu eine aus meiner Sicht sehr wahrscheinliche und gleichermaßen verstörende Theorie vertritt. Er glaubt, dass das Virus, das COVID-19 verursacht, den gleichen Ursprung wie das SARS-Virus im Jahr 2002 hatte, nämlich chinesische Pelzfarmen. Trotz des Ausbruchs von SARS wurde die Haltung von Marderhunden und Schleichkatzen in China nicht reguliert, obwohl man siebzehn Jahre Zeit dafür gehabt hätte. Die Gefahr blieb erhalten, und nach Christian Drostens Meinung brachte sie uns das nächste tödliche Virus.

»Marderhunden und Schleichkatzen wird lebendig das Fell über die Ohren gezogen. Die stoßen Todesschreie aus und brüllen, und dabei kommen Aerosole zustande. Dabei kann sich der Mensch mit dem Virus anstecken«, meinte Drosten dazu.

Ob es wirklich so geschehen ist oder nicht, werden wir nie mit Sicherheit wissen. Fakt ist, Tierhaltung dieser qualvollen Art ist nicht nur aus Tierschutzgründen verwerflich, sondern auch der blanke Wahnsinn im Hinblick darauf, was sie für die Menschheit bedeuten könnte.

Lebensraumzerstörung, Bejagung seltener Arten und intensive Nutztierhaltung begünstigen die Entstehung von Pandemien wie HIV und COVID-19.

ZOONOSEN, NUR EIN PROBLEM FREMDER LÄNDER?

Manchmal habe ich den Eindruck, dass wir Seuchen, insbesondere die, die von Tieren auf Menschen überspringen, als ein Problem ferner Länder betrachten. Richtig ist, dass strenge Gesundheits- und Lebensmittelgesetze in Europa die schrecklichen Zoonosen, die es auch bei uns gab, vielfach ausgerottet oder zurückgedrängt haben. Doch auch in unseren Breiten darf man sich nicht zu sicher fühlen, dass rücksichtsloser Umgang mit Umwelt und Nutztieren nicht auch zu einem gefährlichen Ausbruch einer Seuche führen könnte.

Ich kann ein Lied davon singen, hätte ich mich doch um ein Haar selbst mit einer gefährlichen Zoonose angesteckt, und das, obwohl ich damals nur im Dienste der Gesundheit von Tier und Mensch tätig war.

Ich absolvierte damals ein Praktikum im Bereich Wildtierpathologie in der Schweiz. In der Schweiz gab es zu dieser Zeit eine großartige Kooperation zwischen der Pathologie und Wildtierrangern. Fanden die Ranger verendete Wildtiere, brachten sie sie stichprobenartig in die Pathologie, um herauszufinden, ob in den Beständen gerade irgendwelche Tierseuchen grassierten.

Eines Tages brachte einer der Ranger einen toten Feldhasen vorbei, an dem ich gemeinsam mit einer Doktorandin eine Sektion durchführte.

Ich erinnere mich noch, wie ich das Fell des Hasen mit meinem Handschuh berührt habe. Als ich die Hand zurückzog, krabbelten darauf mehr als ein Dutzend Zecken.

Verwirrt betrachtete ich den Hasen und stellte fest, dass es überall in seinem Fell nur so von Zecken wimmelte. Die Organe des Hasen versetzten uns sofort in Alarmbereitschaft, vor allem seine Milz. Diese war geschwollen, und wir konnten Blutungen darin erkennen. Ein Zeichen für eine schwere Infektion. Der Hase litt unter der Hasenpest, einer durch Zecken übertragbaren und auch für den Menschen extrem gefährlichen Zoonose.

Vom Studium her wusste ich nicht viel darüber, außer dass die Hasenpest durch ein Bakterium verursacht wurde. Um mir den Namen des Erregers zu merken, hatte ich wieder einmal eine etwas kindische Eselsbrücke mit meinen Studienkollegen entworfen. Das Bakterium hieß *Francisella tularensis*. Wir hatten damals gefunden, dass das der Name einer wenig erfolgreichen Dragqueen sein könnte. Die Vorstellung war so witzig, dass wir uns den Namen des Bakteriums ewig merkten.

Einige Jahre später, während der Sektion des erkrankten Feldhasen, lachte ich nicht mehr. Die Hasenpest kann über drei Wege auf den Menschen übertragen werden: über die Haut – auf diesem Weg war wenige Monate zuvor eine Gruppe Jäger erkrankt und an der Seuche verstorben –, über Zecken oder, und hier wurde es unangenehm, über die Atemwege. Wir hatten zwar einen Mund-Nasen-Schutz getragen, aber trotzdem … Die Hasenpest war so ansteckend, dass es trotzdem nicht unwahrscheinlich war, dass ich mich infiziert hatte. Erkrankte entwickeln daraufhin eine schwere Lungenentzündung, die man so schnell wie möglich mit Antibiotika behandeln muss.

»Achte auf ein leichtes Husten und Räuspern, so beginnt es«, riet man mir.

Wie Sie sich vorstellen können, waren die nächsten Tage nicht wirklich entspannt. Achten Sie mal darauf, wie oft sie am Tag hüsteln oder sich räuspern, selbst wenn Sie völlig gesund sind. Gerade zu Beginn zuckte ich beim kleinsten Hüsteln meinerseits zusammen. Jedes Mal war ich mir absolut sicher, dass es den Beginn der Hasenpest markierte, an der ich unweigerlich versterben würde.

Glücklicherweise geschah nichts dergleichen. Alles war noch einmal gut gegangen.

Dass die Hasenpest eines Tages zu größeren Ausbrüchen beim Menschen führen könnte, ist höchst unwahrscheinlich, da eine Übertragung von Mensch zu Mensch schwierig ist.

Aber es gibt so viele andere Zoonosen. Und oft ist nicht der Zoonose-Erreger selbst das große Problem, es sei denn, man gerät zufällig in eine Situation wie die, die ich Ihnen gerade beschrieben habe. Gefährlich wird es erst, wenn sich die Erreger so verändern, dass sie leicht von Mensch zu Mensch wandern können, so wie das bei AIDS und CO-VID-19 passiert ist. Und je mehr wir unsere Umwelt zerstören, seltene Tierarten bejagen und Nutztiere auf engstem Raum zusammenpferchen, desto höher ist die Wahrscheinlichkeit, dass so etwas passiert. Ich könnte Ihnen noch viele Beispiele nennen, wo wir uns selbst geschadet haben, indem wir unberührte Lebensräume zerstören oder weil wir Nutztiere auf eine Weise halten, die neuen Erregern Tür und Tor öffnet. Erinnern Sie sich an die BSE-Epidemie in den 1990ern? Den Rinderwahn. Hier vermutet man, dass die Fütterung von infiziertem Tiermehl die Rinder erkranken ließ und schließlich auch so manchen Menschen, der sie verzehrte. Die Idee, Rinder de facto mit nicht ausreichend erhitzten Fleischabfällen zu füttern, um bessere Mastergebnisse zu erzielen – man könnte das natürlich auch als rücksichtslose Gier bezeichnen – hat sich hier auf furchtbare Weise gerächt. Oder erinnern Sie sich an die Schweinegrippe-Pandemie im Jahr 2009? Hier wird vermutet, dass sich zwei Grippestämme in Hausschweinen gekreuzt haben und dadurch zu einem Virus mutiert sind, das den Menschen nicht nur befallen kann, sondern auch leicht von Mensch zu Mensch übertragbar ist.

Natürlich kann so etwas auch in artgerechter Freilandhaltung passieren, aber die Wahrscheinlichkeit dafür ist bei den hohen Besatzdichten in der intensiven Schweinehaltung ungleich höher.

Einfach ausgedrückt: Was wir der Umwelt und der Tierwelt antun, tun wir am Ende uns selbst an.

Auch in unseren Breiten grassieren Zoonosen, die durch strenge Gesundheits- und Lebensmittelgesetze meistens in Schach gehalten werden.

Massentierhaltung und Lebensraumzerstörung begünstigen die Entstehung neuer Erreger, die leicht von Mensch zu Mensch übertragbar sind.

WAS WIR TUN KÖNNEN

Tatsächlich gibt es ganz unterschiedliche Möglichkeiten, wie wir die vielfach noch unbekannten Schätze, die die Tierwelt für uns bereithält, schützen können. Nehmen Sie die folgenden einfach als Inspiration und haben Sie gerne auch den Mut, Ihren eigenen Weg zu finden!

DIE NATUR LIEBEN LERNEN

Wenn ich mit Freunden oder Bekannten in der Natur unterwegs bin, bin ich manchmal erstaunt, wie wenig wir unsere Tier- und Pflanzenwelt eigentlich kennen.

Manche Leute möchte ich regelrecht schütteln, damit sie sehen, was rund um sie herum passiert. Der Specht, der seine Jungen füttert, das Wiesel im Schnee, das Schillern der tropisch bunten Goldwespe, die auf Ihrem T-Shirt sitzt …

Ich könnte ewig so weitermachen. Daher möchte ich Sie an dieser Stelle einladen, die Natur an dem Ort, an dem Sie leben, kennenzulernen. Das kann auch eine Großstadt sein. Ich lebe selbst in einer. Selbst dort konnte ich schon die wunderbarsten Begegnungen mit Wildtieren erleben, sogar von meiner Couch aus. Genau von dort hörte ich einmal im Herbst ein seltsames Trompeten. Zuerst dachte ich, es käme aus dem Fernseher, aber als ich auf den Balkon hinauslief, sah ich direkt über mir einen Zug Kraniche hinwegziehen. Es müssen aber auch gar keine ungewöhnlichen Arten sein, an denen man sich erfreut. In unserer Familie gibt es zum Beispiel jeden Frühling den Wettstreit, wer den ersten Mauersegler erspäht. Meistens gewinnt meine Schwester, aber sie hat diesbezüglich auch einen unfairen Vorteil. Sie wohnt so weit oben, dass sie diesen flinken Vögeln am nächsten ist. Denn wenn ein Tier gut in die Weiten des Himmels passt, dann ist es der Mauersegler. Obwohl Wien und die meisten anderen europäischen Großstädte jeden Sommer von tausenden Mauerseglern besucht werden, kennt meine Faszination für diese Tiere keine Grenzen. Sie bewegen sich so schnell und wendig durch die Luft, dass ich ihnen ewig zusehen könnte. Mauersegler landen eigentlich nur, um zu brüten oder ihre Jungen zu füttern. Alles andere findet in der Luft statt. Sie schlafen sogar im Flug. Selbst der Sex findet in luftigen Höhen statt. Er ist allerdings ein sehr kurzes Vergnügen. Während der Paarung stürzen die Vögel ab, und bevor sie auf dem Boden aufprallen, sollte idealerweise alles erledigt sein. Also besser weit oben anfangen …

Hier soll es aber um Sie gehen, und ich würde mir wünschen, dass Sie bald ganz eigene Geschichten von den Tieren in Ihrer Umgebung erzählen können, falls das nicht schon der Fall ist.

Warum möchte ich Sie gerne auf diese Reise schicken?

Ganz einfach. Was man kennt, bedeutet einem etwas. Wenn Sie wissen, welche Tiere in Ihrer Umgebung zu Hause sind, wenn Sie sie regelmäßig beobachten und verstehen, wie sie sich in die Natur vor Ihrer Türschwelle eingliedern, entsteht eine natürliche Bindung. Was man kennen und lieben gelernt hat, möchte man nicht missen. Es wird Ihnen von da an auffallen, wenn Tierarten seltener werden oder verschwinden oder andere hinzukommen. Sie werden vielleicht ergründen, warum das so ist, den Leuten in Ihrer Umgebung davon erzählen können und vielleicht auch die eine oder andere Maßnahme setzen, damit sich bedrohte Tiere in Ihrer Umgebung wieder wohlfühlen. Das kann das Säen einer Wildblumenwiese sein, das Aufhängen eines speziellen Nistkastens, oder Sie stellen sich einfach die Frage, ob die neue Straße oder das neue Einkaufszentrum es wirklich wert ist, so viel Fläche für die nächsten Jahrzehnte zu versiegeln.

Abgesehen davon ist das Kennenlernen der Natur eine der schönsten Arten, wie man seine Freizeit verbringen kann, zumindest für mich gilt das. Man beginnt, die Welt mit anderen Augen zu sehen. Wenn Sie sich zum Beispiel nur ein wenig mit Vogelstimmen auseinandersetzen, werden Sie künftig durch einen Frühlingswald gehen und die verschiedenen Vögel, deren Gesang Sie hören, vor sich sehen, egal ob diese sich zeigen oder nicht.

Sie werden wilden Schlachten beiwohnen, wenn Sie beobachten, wie ein Marienkäfer sich hungrig auf Blattläuse stürzt, während sich die Verbündeten der Blattläuse, die Ameisen, an ihm die Zähne ausbeißen.

Natur vor Ihrer Türschwelle bietet unzählige solcher Geschichten. Ich lade Sie hiermit ein, sie zu entdecken und zu erzählen. Gerne würde ich von Ihnen hören, was Sie in ihrer Umgebung beobachtet und entdeckt haben. Im Nachwort finden Sie Wege, wie Sie mir Ihre Naturgeschichte zukommen lassen können, wenn Sie mögen. Ich freue mich über jede einzelne.

Nehmen Sie sich Zeit, die Natur in Ihrer Umgebung kennenzulernen. Es wird sich für Sie in vieler Hinsicht lohnen.

Man liebt, was man kennt. Nach diesem Motto ist es wichtig, möglichst viele Menschen abgesehen von Ihnen und mir für die tierische Artenvielfalt zu begeistern und dadurch für deren Schutz zu sorgen.

LANDWIRTSCHAFT, BITTE NACHHALTIG

Ich habe Ihnen ja schon von Zoonosen erzählt und dass intensive Nutztierhaltung ein Problem darstellen kann. Natürlich gibt es in Mitteleuropa Gott sei Dank ein engmaschiges System, um den Ausbruch von Tierseuchen zu überwachen und einzudämmen. Hundertprozentige Sicherheit kann es dabei aber nicht geben, und in anderen Regionen des Erdballs fehlt diese Art der Überwachung komplett.

Aber nicht nur die Angst vor der nächsten Pandemie sollte uns den Umgang mit unseren Nutztieren überdenken lassen. Sie wirkt sich auch negativ auf das Weltklima aus. Die weltweite Nutztierhaltung ist für etwa achtzehn Prozent aller globalen Treibhausgase verantwortlich. Das ist beträchtlich. Der Klimawandel ist vielfach auch ein Problem für die Artenvielfalt. Es mag zwar so manche Art geben, die durch den Klimawandel profitiert, doch für das Gros der Arten bedeutet er eine existenzielle Bedrohung, da ihre Lebensräume verbrennen, verdunsten, abschmelzen, übersäuern oder sich anderweitig verändern. Eine Studie der Universität von East Anglia und des *WWF* zeigte, dass die Artenvielfalt bereits um fünfundzwanzig Prozent verringert wird, wenn die Pariser Klimaziele von maximal zwei Grad geschafft werden. Die Pariser Klimaziele sind leider aus derzeitiger Sicht ein »Best-Case-Szenario«. Wahrscheinlich ist eine Erwärmung darüber hinaus. Und bereits in diesem *best case* werden wir auf die Dauer jede vierte Art verlieren. Wenn ich darüber nachdenke, welche noch unentdeckten Geheimnisse wir dadurch verlieren, die im Genom verschiedener Tierarten verborgen sind, wird mir ganz anders. Doch intensive Nutztierhaltung ist nicht nur in Bezug auf den Klimawandel ein Problem für die Artenvielfalt. Sie beeinflusst sie auch direkt. Und zwar über die enormen Flächen, die sie verbraucht. Damit meine ich weniger den Stall, in dem hunderte Schweine, Hühner oder Puten zusammengepfercht werden, der ist – aus Tierwohlgründen: leider – ziemlich effektiv genutzt. Die Frage ist eher, woher das Futter stammt, mit dem die Tiere gemästet werden. In Europa merken wir davon gar nicht allzu viel. Das Futter, um den wachsenden weltweiten Fleischhunger zu stillen, wird großteils woanders produziert, und für seinen Anbau werden gigantische Flächen naturnaher Lebensräume zerstört.

Als Beispiel möchte ich hier den Sojaanbau anführen. Für diesen müssen gewaltige Flächen tropischen Regenwalds weichen. Allein für den Sojaanbau wurden laut der NGO *Global 2000* in Brasilien in den ersten zehn Jahren dieses Jahrhunderts 200.000 Quadratkilometer Land bereitgestellt. Das entspricht zweieinhalbmal Österreich. Besonders dramatisch ist die Lage in Paraguay, wo die Rinderzucht und der Sojaanbau für den Export so zugenommen haben, dass von den ehemals 80.000 Quadratkilometern subtropischen Regenwalds bereits 92 Prozent abgeholzt wurden, um Rinderzucht und Sojaanbau zu weichen. Ähnlich ernst ist die Situation im sogenannten Gran Chaco, einem riesigen Waldgebiet, das sich Argentinien, Bolivien und Paraguay teilen. In dem 800.000 Quadratkilometer großen Rückzugsgebiet für Jaguare und unzählige andere Tier- und Pflanzenarten werden 3.000 Fußballfelder gerodet, um der Viehzucht und dem Sojaanbau Platz zu machen ... jeden Tag. Und damit unsere Nutztiere rasch mit genetisch modifiziertem Soja aus Südamerika gemästet werden können.

Vielleicht denken Sie jetzt, ich möchte Ihnen den Fleischkonsum verbieten. Das wäre nicht meine Art. Ich bin selbst kein Vegetarier. Was wirklich wichtig wäre, um die Artenvielfalt unseres Planeten zu schützen, ist aber dringend, unseren Fleischkonsum zu mäßigen und bei der Wahl des Fleischs auf Qualität und hohe Standards bei Haltung und Fütterung zu achten. Wahrscheinlich haben Sie das schon oft gehört und können es vielleicht schon nicht mehr hören. Ich kann das auch nachempfinden, denn der Vorsatz ist schwer zu halten, wenn man im Supermarkt sieht, dass das Biofleisch in sehr kleinen Packungen fast das Doppelte kostet. Wer nicht besonders wohlhabend ist und eine Familie zu ernähren hat, tut sich da nicht so leicht.

Ich denke trotzdem, dass wenn wir einfach ein paar Mal die Woche auf Fleischkonsum verzichten, schon viel gewonnen wäre. Wenn wir Fleisch etwas Besonderes und nicht Alltägliches sein lassen, so wie früher den Festtagsbraten, dann fällt es uns leichter, für dieses Fleisch dann vielleicht auch mehr Geld auszugeben. Informieren Sie sich bitte auch über die Bedingungen, die mit dem jeweiligen Tierwohl- oder Biosiegel einhergehen. Wichtig ist, dass das Tier regional aufgezogen und gemästet wurde, mit möglichst regionalen Biofuttermitteln. Das Tier sollte zudem größeren Auslauf gehabt haben als bei herkömmlicher Tierhaltung. Dies ist bei Rinderhaltung oft weniger ein Problem als bei Schweine- und Geflügelhaltung. Vergleichstabellen zwischen den unterschiedlichen Gütesiegeln finden Sie mit einer raschen Suchanfrage im Internet. Der Grund, warum ich an dieser Stelle nicht gleich einen Link anbiete, ist der Tatsache geschuldet, dass dieser vielleicht nicht mehr aktuell ist, wenn Sie dieses Buch lesen.

Die weltweite Nutztierhaltung produziert 18 Prozent der weltweiten Treibhausgasemissionen.

Sollten die Pariser Klimaziele geschafft werden (ein »Best-Case-Szenario«), könnte der Klimawandel die weltweite Artenvielfalt bereits um 25 Prozent reduzieren.

Der hohe Fleischkonsum geht mit der Zerstörung der letzten Naturjuwele durch Futtermittelanbau einher.

Dies ist vor allem in südamerikanischen Ländern zu beobachten, wo tropischer Regenwald abgeholzt wird, um Anbaufläche für Soja zu schaffen, mit dem unsere Nutztiere gefüttert werden.

Bewusster Fleischkonsum kann helfen! Lassen Sie fleischhaltige Speisen etwas Besonderes werden, und achten Sie auf Gütesiegel, die Tierwohl und regionale Futtermittel garantieren.

UND DAS TIERWOHL?

Natürlich soll es in diesem Buch um die Artenvielfalt gehen und das heilende Potenzial, das diese mit sich bringt. Lassen Sie mich aber kurz ein paar Dinge in Bezug auf Tierwohl in der Nutztierhaltung ergänzen, ein paar persönliche Eindrücke, die ich während meiner Ausbildung gewonnen habe.

Beginnen wir mit dem Leben eines Masthähnchens. Es schlüpft aus dem Ei und wiegt zu diesem Zeitpunkt etwa 42 Gramm. Normalerweise würden Kücken ihrer Glucke folgen, die sie beschützt und mit ihnen auf Futtersuche geht. Die Elterntiere lernt ein Mastküken jedoch nie kennen. Sein Leben dauert nur etwa vier Wochen. In denen lebt es mit tausenden Artgenossen in einem Stall, üblicherweise ohne Auslauf. Recht viel mehr als fressen ist in den meisten Mastanlagen auch nicht möglich. Vor allem nicht mehr, wenn die Tiere ihre volle Größe erreichen. Selbst in Österreich, wo Masthühner verhältnismäßig viel Platz bekommen, teilen sich achtzehn Stück einen Quadratmeter. Sobald das Masthuhn sein Schlachtgewicht von etwa 1,5 Kilogramm erreicht, kann es sich aus Platzmangel kaum noch bewegen. Wenn es geschlachtet wird, ist das Masthähnchen genau genommen noch ein Küken und hat in den meisten Fällen nie die Sonne gesehen. Ähnlich gestaltet sich die Mast bei Schweinen. Sie kommen mit etwa 1,4 Kilogramm Gewicht zur Welt. Geschlachtet werden sie mit etwa hundert Kilogramm. Dieses Gewicht erreichen sie bereits mit sechs Monaten, in denen sie nur in wenigen Fällen die Gelegenheit hatten, ins Freie zu gehen, sich zu suhlen oder in der Erde zu wühlen. Bedenkt man die Klugheit von Schweinen, so hat die traurige Existenz eines Mastschweins vielleicht einen noch schaleren Beigeschmack. Wie jeder Veterinär habe auch ich einen Monat zur Fleischbeschau auf einem Schlachthof zugebracht. Ich verbrachte diese Zeit auf einem Schweineschlachthof, der sämtliche gesetzlichen Anforderungen an Tierwohl und Hygiene vorbildlich erfüllte. Trotzdem bleiben Schlachthöfe aus meiner Sicht ziemlich finstere Orte. In »meinem« Schlachthof ließen jeden Tag etwa 1.500 Schweine ihr Leben, das machte diesen Schlachthof im EU-Vergleich bestenfalls zu einem mittelgroßen Betrieb. Glücklicherweise müssen Tiere in der EU vor der Schlachtung betäubt werden. Wo ich arbeitete, geschah das mittels Elektroschock. Während ich also die vorbeiziehenden Karkassen beurteilte, hörte ich etwa alle zehn Sekunden das Quieken und Kreischen eines Schweins. Kurz darauf wurde es auf ein automatisiertes Fließband gehängt, wo man ihm die Kehle durchschnitt, daraufhin die Borsten abflämmte, die Augen entfernte, den Schlachtkörper in kochendem Wasser wusch, dann alle Bauch- und Brustorgane entnahm, ehe das Schwein dann mit einer Kettensäge in zwei Hälften geteilt wurde. Das alles geschah innerhalb weniger Sekunden, hocheffizient und industriell … und irgendwie falsch. Hier wurden lebende, fühlende Wesen auf ähnliche Weise verarbeitet, als befände man sich in einer Konservenfabrik. Ich finde einfach, dass man diese Dinge wissen muss, wenn man gerne Fleisch isst. Ich finde sogar, auch wenn mir viele Eltern da nicht zustimmen werden, dass jedes Kind in einem gewissen Alter verpflichtend eine Exkursion in einen Schlachthof unternehmen sollte. Nicht um die Kinder zu ekeln oder abzuschrecken, aber es wichtig, dass wir verstehen, woher unser Fleisch kommt, was für ein Leben das Tier hatte und wie dieses Leben beendet wird, bevor es auf unseren Tellern landet, damit sich die Jugendlichen informiert ihre eigene Meinung darüber bilden können, wie sie unsere derzeitigen Formen der Nutztierhaltung und Schlachtung beurteilen.

Denn eines steht fest: Wir sind in der Verantwortung. In der Verantwortung, Nutztieren bis zur Schlachtung ein möglichst artgerechtes Leben zu ermöglichen, denn auch sie sind Teil der Natur und haben sich über die Jahrtausende an uns und unsere Bedürfnisse angepasst. Allein dafür verdienen sie unseren Respekt.

DER GESEGNETE REGENWURM

Die Lerche war's und nicht die Nachtigall. So endet die süße Nacht, die Romeo und Julia miteinander verbringen dürfen, bevor sie ihr tragisches Ende finden. Der Gesang der Lerche erklingt und verheißt einen neuen Morgen.

Vielleicht kennt der eine oder die andere von Ihnen den Gesang der in Mitteleuropa heimischen Feldlerche. In einem wild flatternden Singflug schwebt sie über den Wiesen und scheint ihre Lebensfreude herauszujauchzen. In Wirklichkeit handelt es sich natürlich um einen Reviergesang, der männlichen Artgenossen »Bis hierhin und nicht weiter« signalisieren soll. Aber gleichzeitig ist der Gesang auch ein Ausdruck von Gesundheit und Lebenskraft ... Also warum ihn nicht mit einem Jauchzen vergleichen?

Ich habe selbst beobachtet, dass Feldlerchen ihren Gesang sogar fortsetzen, während sie von einem Räuber wie dem eleganten Baumfalken gejagt werden. Vermutlich soll es dem Jäger signalisieren, dass sein Unterfangen zwecklos ist. Dass die Lerche noch über schier unendliche Kraftreserven verfügt.

So furchtlos und tapfer die kleinen Vögel auch sein mögen, sie sehen sich einer Gefahr ausgesetzt, gegen die all ihre Lebensfreude nichts nützt.

Die Feldlerche ist ein Wiesenvogel und brütet am Boden. Eine Tatsache, die ihr und vielen anderen Wiesenvögeln gerade zum Verhängnis wird. Doch warum ist das so? Wiesen haben im Tiefland generell keine guten Aussichten. Während Wald eine wirtschaftlich genutzte Fläche ist und Rendite abwirft, sind Wiesen, nun ja, »unnützes Brachland«, vor allem wenn es sich um Feuchtwiesen handelt. Aus menschlicher Sicht ist es offenbar besser, sie trockenzulegen, zuzubauen oder intensiv landwirtschaftlich zu nutzen, möglichst ohne den schmalsten Streifen Brachland übrig zu lassen.

Mir scheint, dass man naturnahe Wiesenlandschaften fast nur noch in Naturschutzgebieten antrifft, wo diese durch behutsame Weidewirtschaft am Verbuschen und Zuwachsen gehindert werden.

Hand aufs Herz, wenn Sie wissen, wie der Gesang einer Lerche klingt, wann haben Sie ihn zuletzt gehört? Wann haben Sie zuletzt Rebhühner gesehen, falls Sie überhaupt schon das Glück hatten, welchen zu begegnen? Oder wussten Sie, dass die bunten Kiebitze, für deren Beobachtung man heute schon ein wenig Glück braucht, früher so häufig waren, dass es im neunzehnten Jahrhundert Tradition war, im Frühling in großen Gruppen durch die Wiesen zu ziehen, um Kiebitzeier zu sammeln?

Heute kaum mehr denkbar. Auf intensiv bewirtschafteten Äckern, Gewerbeparks oder Reihenhaussiedlungen haben Bodenbrüter und andere Wiesenbewohner keinen Platz mehr. Auf Feldern finden sie keine Nahrung, da diese oft mit Pestiziden vor Schädlingen geschützt werden. Außerdem müssten viele von ihnen Glück haben, um flügge zu werden und nicht zum Opfer von landwirtschaftlichen Maschinen zu werden. Die Organisation Birdlife schätzt, dass die Anzahl der Wiesenvögel in Mitteleuropa seit den 1980er Jahren etwa um vierzig Prozent zurückgegangen ist. Dazu gehören imposante Tiere wie die Großtrappe, einer der größten flugfähigen Vögel überhaupt, der akut vom Aussterben bedroht ist. Mit etwas Glück können Sie ihn noch im österreichisch-ungarischen Grenzgebiet im Nationalpark Neusiedler See-Seewinkel beobachten. Besonders die Balz im Frühling ist imposant.

Und unsere Feldlerche, ein absoluter Allerweltsvogel, den früher jedes Kind kannte? Allein in den letzten Jahrzehnten ist annähernd jede zweite Feldlerche verstummt. Die traurige Wahrheit ist: Romeo und Julia würden heute gar keine Nachtigall oder Lerche mehr kennen.

»Die Müllabfuhr war's und nicht der Nachtclubbeat«, würde Romeo heute wahrscheinlich geknickt verkünden.

Das lautlose Verschwinden unserer Wiesenvögel habe ich Ihnen deshalb nahegebracht, um Ihnen zu zeigen, dass Verlust an wertvoller Artenvielfalt auch in unseren Breiten ein Problem darstellt, nicht nur in tropischen Regenwäldern, in Korallenriffen oder an arktischen Küsten. Es passiert im wahrsten Sinne des Wortes in unseren Hinterhöfen. Einer der wichtigsten Gründe für die Verarmung unserer Fauna ist die intensivierte Landwirtschaft.

Als ich fünf Jahre alt war, fuhren wir von Wien aus nach Osten, um einen Ausflug zu machen. Davor hatte ich gerade eine Naturdokumentation über das Leben in der Sahara gesehen.

Während wir gerade eine ziemlich öde Agrarlandschaft durchquerten, mit umgegrabenen hellbraunen Äckern ohne Hecken so weit das Auge reichte, fühlte ich mich an diese Dokumentation erinnert.

»Mama, ist das die Wüste?«

Meine Eltern und meine Großmutter brachen in lautes Lachen aus. Rückblickend betrachtet, war meine Beobachtung gar nicht so falsch. Landwirtschaftlich intensiv genutzte Flächen gehören zu den artenärmsten Lebensräumen in unseren Breiten. Selbst Städte beinhalten eine größere Vielfalt an Tieren. Sie sind durch ihre Parks, ihre »künstlichen Felswände« und die zahlreichen Unterschlupfe manchmal gar nicht so schlechte Lebensräume.

Was dagegen zu tun wäre? Der Natur zwischen intensiv genutzten Flächen etwas Raum zur Erholung bieten. Hecken und Brachflächen, in denen Rebhuhn, Feldhase und Co. ihre Jungen aufziehen können, anstatt den ländlichen Raum zu einer öden Wüste verkommen zu lassen. Sonst haben wir bald die letzte Lerche im Frühling jubilieren gehört.

Der zweite Übeltäter, den ich hier hervorheben möchte, ist die Bodenversiegelung. Was einmal zubetoniert ist, ist für die Tier- und Pflanzenwelt weitgehend verloren und trägt zur Bildung von Hochwassern bei, da die wasserspeichernde Fähigkeit des Bodens im wahrsten Sinn des Wortes versiegelt wird. Doch vor allem werden Naturräume zerstört, unterbrochen und verinselt. Laut der Naturschutzorganisation WWF bedeutet das auch ein großes Problem für eine unglaublich wichtige Tierart.

Den Regenwurm.

Unter jedem Quadratmeter Beton verschwinden im Schnitt dreißig bis hundertzwanzig Regenwürmer. Wird ein besonders naturnaher Lebensraum verbaut, können es bis zu sechshundert sein. Allein im kleinen Österreich werden dadurch täglich Millionen von Regenwürmern vernichtet. Auf die im letzten Abschnitt beschriebene Agrarwüste kann der Regenwurm nicht ausweichen, dort fehlt ihm schlichtweg das Nahrungsangebot.

Doch warum wäre der Regenwurm für uns in vielerlei Hinsicht ebenfalls ein wichtiges, um nicht zu sagen heilsames Tier?

Regenwürmer lockern den Boden auf. Sie erhöhen dadurch massiv die Kapazität des Bodens, Wasser zu speichern.

Da wir in letzter Zeit vermehrt mit extremen Wetterphänomenen zu tun haben, brauchen wir seine Fähigkeiten umso mehr, denn seine Anwesenheit beugt einerseits Hochwasser vor, da der Boden in der Lage ist, mehr Wasser aufzunehmen, und kann gleichzeitig die Effekte von Dürren abmildern, da der Boden länger ohne den lebensspendenden Regen auskommen kann.

Ganz nebenbei düngt der Regenwurm den Boden auf unnachahmliche Weise und reichert ihn mit Mineralstoffen an, auf die sowohl Wildpflanzen als auch Nutzpflanzen, die der Nahrungsproduktion dienen, angewiesen sind.

Völlig treffend sagt eine französische Bauernweisheit: *Gott weiß, wie man Boden macht, und er hat dieses Wissen an die Regenwürmer weitergegeben.* Und selbst Charles Darwin räumte ein: *Man kann wohl bezweifeln, ob es noch viele andere Tiere gibt, welche eine so bedeutende Rolle in der Geschichte der Erde gespielt haben wie diese niedrig organisierten Geschöpfe.*

Als Negativbeispiel muss ich in puncto Bodenversiegelung leider mein Heimatland Österreich hervorheben. Österreich ist nämlich Europameister, was die Bodenversiegelung anbelangt. Hier werden täglich sechzehn Fußballfelder verbaut. In Deutschland sind es etwa siebzig, was noch immer viel zu viel, aber auf die Fläche gerechnet immerhin etwas weniger ist. Den täglichen Versiegelungszuwachs der Schweiz konnte ich leider nicht ermitteln, wir können aber davon ausgehen, dass auch er europaweit viel zu hoch liegt.

Und das ist auch die Ebene, auf der ich mir einen europaweit geltenden Bodenschutzvertrag wünschen würde, der sicherstellt, dass unsere Nachkommen regionale Lebensmittel genießen können, die Artenvielfalt unserer Natur erfahren und dadurch auch vor den Kapriolen des extremer werdenden Wetters geschützt sind.

Die Alternative ist ein zersiedelter, niemals endender Speckgürtel, eine Betonwüste, die nur von weiten und öden Äckern durchbrochen wird.

Wenn Sie mich also fragen, was Sie tun können, um die tierische Artenvielfalt in Ihrer Region zu erhalten, dann bitte ich Sie, darüber nachzudenken, ob es das neue Straßenprojekt wirklich braucht, den riesigen Gewerbe- und Einkaufspark an der Autobahn, während die gewachsenen Dorfzentren zunehmend aussterben, oder die neue Siedlung »auf der grünen Wiese«.

Einmal versiegelten Boden kann man sich im Übrigen auch nicht einfach wieder zurückholen. Selbst wenn die Versiegelung aufgebrochen wird, bleibt er über Jahrhunderte geschädigt.

Den fruchtbarsten humusreichen Oberboden bildet in der Regel eine kaum zwanzig Zentimeter tiefe Schicht, in der Milliarden von wertvollen Kleinstlebewesen leben. Diese Schicht wird durch Betonierung vollkommen zerstört. Und um allein eine einen Zentimeter tiefe Schicht dieses wertvollsten Bodens nachzubilden, braucht die Natur etwa hundert Jahre. Lassen Sie uns also möglichst viel davon erhalten, aus ganz eigennützigem Interesse.

Bodenversiegelung bedroht europaweit Artenvielfalt und regionale Nahrungsmittelproduktion.

Sie schreitet mit erschreckendem Tempo voran, so werden in Österreich täglich dreißig Fußballfelder versiegelt, in Deutschland etwa siebzig.

Dadurch sterben täglich Millionen von Regenwürmern und Kleinstorganismen.

Regenwürmer schützen durch Auflockerung des Bodens vor Fluten und Dürren und reichern den Boden mit wichtigen Nährstoffen an.

Für uns Menschen sind sie wie kleine Schutzengel, die uns vor den Auswirkungen extremen Wetters bewahren.

Für unser aller Zukunft wäre ein wirksamer Bodennutzungsvertrag wichtig, der sicherstellt, dass der ländliche Raum nicht zu öden Beton- und Agrarwüsten verkommt.

DAS GÖTTLICHE UND DER ARTENSCHUTZ

Was sagen eigentlich die Religionen darüber, wie wichtig es ist, die Artenvielfalt unseres Planeten zu schützen? Diese Frage ist umso spannender, da die großen Religionen zu einer Zeit entstanden sind, als die Artenvielfalt durch menschliches Zutun noch gar nicht bedroht war und man noch weniger wusste, was für ein Gesundheitsquell sich in ihr verbergen könnte. Ich darf hier aus einer Tagung des deutschen Bundesamts für Naturschutz zitieren, die in Bonn mit Vertretern unterschiedlicher Religionen abgehalten wurde. Ich versuche hier, Ihnen die religiösen Positionen nach bestem Wissen und Gewissen nahezubringen. Mich selbst haben sie auf jeden Fall gehörig überrascht.

BUDDHISMUS –
EINS MIT DER NATUR

Laut dem Buddhismus ist der Mensch kein vom Rest unserer Welt getrenntes Individuum. Die Natur, wir Menschen, alles ist in Wahrheit eins. Raubbau an der Natur entsteht durch Gier, Hass und Verblendung. Um einen behutsamen Umgang mit sich und der Natur zu pflegen, kann einem der Ratschlag helfen, den Buddha selbst vor 2.500 Jahren gesprochen hat. *Auf mich selbst achtend achte ich auf den anderen. Auf den anderen achtend achte ich auf mich selbst.* Die Natur lässt sich durch das Praktizieren von Genügsamkeit, Verbundenheit und Achtsamkeit schützen, durch die Gier, Hass und Verblendung überwunden werden können.

CHRISTENTUM –
SCHUTZ VON GOTTES SCHÖPFUNG

Im Christentum steht die Bewahrung von Gottes Schöpfung im Vordergrund. Die Vielfalt der Erde, die Pflanzen, die Tierwelt, Pilze und Mikroorganismen werden im Christentum als Geschenk Gottes betrachtet. Wir als Menschen haben den Auftrag, die Erde in Ehrfurcht und Verantwortung zu bebauen und gleichzeitig bewahren. Der Mensch trägt also die Verantwortung für die Natur. Die gemeinsame Rettung mit der Tierwelt in der Arche Noah zeigt, dass Tiere und Menschen gleichermaßen unter Gottes Schutz stehen und tief miteinander verbunden sind.

HINDUISMUS –
DIE GANZE WELT IST EINE FAMILIE

Die Lehre des Hinduismus ist von Wertschätzung gegenüber der Natur und den Beziehungen zwischen Pflanzen, Tieren und Menschen geprägt. Alle Dinge sind in Verbindung mit einem großen Ganzen. Die Aussage »Die ganze Welt ist eine Familie«, die sich in der hinduistischen Lehre findet, zeigt, dass die Natur immer als Einheit betrachtet werden muss. Der Mensch ist Teil von ihr, Beschützer und Empfänger ihrer Gnade.

ISLAM –
GOTT ZEIGT SICH IN DER EXISTENZ DER NATUR

Im Islam ist das sogenannte *Tawhid*-Prinzip von großer Bedeutung. Darin wird die Schöpfung als Einheit gesehen. Die Menschheit, die Natur und besonders die biologische Vielfalt sind Teil dieser Einheit und gleichzeitig ein Zeichen Gottes. Damit ist jeder Teil, jedes Wesen der Schöpfung schützenswert und wertvoll. Der Mensch ist nicht Herr der Natur, er ist Teil von ihr. Als Sachwalter (*halifa*) muss der Mensch verantwortungsvoll mit allem Geschaffenen umgehen und darf das natürliche Gleichgewicht der Schöpfung nicht zerstören.

JUDENTUM –
DEN GARTEN GOTTES SCHÜTZEN

Die Tora gibt vor, den Garten Gottes zu bebauen und zu behüten. Das Judentum sieht die Welt als kostbares Geschenk, das Gott den Menschen anvertraut hat. Alles, was Gott in dieser Welt geschaffen hat, hat einen Zweck, auch wenn der Mensch diesen nicht erfassen kann, und ist damit schützenswert. Selbst in extremen Situationen, wie der kriegerischen Einnahme einer Stadt, verbietet die Tora die Zerstörung der Natur.

Der ehemalige Großrabbiner Großbritanniens, Jonathan Sacks, meint zu diesem Thema: »Die Einheit Gottes ist in der Vielfalt des Erschaffenen zu finden.«

Der achtsame Umgang des Menschen mit der Natur und ihrer Geschöpfe ist tief in jeder einzelnen Weltreligion verwurzelt.

EIN KLEINER TOOLKIT FÜR DIE ARTENVIELFALT

Im Anschluss habe ich Ihnen eine Liste ganz konkreter Tipps zusammengestellt, die Sie durchführen können, um die Artenvielfalt und den in ihr enthaltenen Gesundheitsquell zu schützen.

Ich weiß aus eigener Erfahrung, dass einen zu viele Regeln leicht überfordern können, aber sehen Sie es vielleicht so: Selbst wenn Sie nur einen Tipp befolgen, haben Sie schon etwas erreicht, und der Natur, in der wir leben, etwas Gutes getan.

Und vielleicht haben Sie an der einen oder anderen Maßnahme sogar Spaß. Probieren Sie es einfach aus.

Im Garten, am Fenster oder am Balkon

- Verzichten Sie in Ihrem Garten so viel wie möglich auf versiegelte Flächen wie Platten oder Stein. Flächen dieser Art mögen vergleichsweise pflegeleicht sein, doch sie bieten der Tierwelt keinerlei Nahrung und Lebensraum.

- Lassen Sie Ihren Garten zu einem Abbild der Natur werden. Ein englischer Rasen hat zwar eine künstliche Ästhetik, aber für die Artenvielfalt ist diese »Monokultur« nicht besonders nützlich. Braunellen, Spitzwegerich und Klee sehen nicht nur nett aus, sondern bieten mit ihren Blüten wieder Nahrung für Insekten.

- Definieren Sie bewusst Flächen, in denen Sie der Natur das »Wildsein« erlauben und zum Beispiel Bienenweiden aus heimischen Wildkräutern und Blumen anpflanzen. Das ist auch in Trögen oder Eimern möglich. Entsprechende Samenmischungen finden Sie in jedem Baumarkt und vielen Supermärkten. Am besten gedeihen diese auf mageren, sandigen Böden. Diese sollten nicht gemäht, sondern bei Bedarf getrimmt werden.

- Verzichten Sie am besten auf Pestizide und Unkrautvernichtungsmittel – diese vernichten auch andere im Erdreich wohnende nützliche Lebewesen. Setzen Sie zur Schädlingsbekämpfung stattdessen auf Nützlinge wie Marienkäfer- oder Florfliegenlarven, die im Handel beziehbar sind, und beim Unkraut ... Nun ja, am besten wäre das gute, alte Zupfen.

- Setzen Sie viele Blühpflanzen: sowohl Blumen als auch Gehölze und Büsche. Wenn Sie Schmetterlinge lieben, ist der Sommerflieder ein Garant für viel Besuch. Generell sollte der Fokus auf jeden Fall auf heimischen Gehölzen liegen, an die die meisten unserer Tierarten angepasst sind.

- Gehölze und Büsche, die Beeren tragen, sorgen dafür, dass verschiedene Vogelarten wie Gimpel, Grünlinge, Amseln und Drosseln in Ihrem Garten Nahrung finden. Ein großartiges Beispiel sind Rosenhecken aus heimischen Rosenarten. Sie sehen wunderschön aus, ihre Blüten ziehen Insekten an, und gleichzeitig sind sie großartige Refugien für Vögel, in denen sie ihre Nester bauen und Schutz vor Feinden finden. Die Hagebutten sind später im Jahr eine willkommene Mahlzeit. Geeignete heimische Arten sind zum Beispiel die Hundsrose (*Rosa canina*), die Kriechrose (*Rosa arvensis*), die Zimtrose (*Rosa majalis*) und die Bibernellenrose (*Rosa pimpinellifilia*). Manche Arten, etwa die Kriechrose, klettern auch und können dadurch zum Beispiel Fassaden begrünen. Apropos Fassadenbegrünung: Diese bietet nicht nur Insekten und Vögeln Unterschlupf und Nahrung, sie kühlt in heißen Sommern auch wunderbar.

- Generell bieten Blumen mit gefüllten Blüten leider keine Nahrung für Insekten. Setzen Sie stattdessen auf Blumen wie zum Beispiel Astern, Kornblumen, Glockenblumen und Löwenmäulchen, die ebenfalls wunderschön bunt und Hummeln und Bienen leicht zugänglich sind. Hochbeliebt bei Bienen sind auch Kräuter wie Lavendel, Thymian oder Salbei.

- Wenn es Herbst wird, lassen Sie abgeblühte Büsche, Gehölze und Stauden einfach stehen, ohne sie zurückzuschneiden. Auch abgefallenes Laub ist wichtig. Dort finden Insekten Unterschlupf, die im Frühling als erste Nahrung für Vögel dienen. Ein Laubhaufen kann im Winter auch zu einem wichtigen Unterschlupf für Igel werden.

- Wenn Sie auf einem Balkon oder im Garten etwas Platz finden, stellen Sie ein Insektenhotel auf. Diese dienen im Frühling vor allem Wildbienen als Brutplatz und so manchem Nützling zur Überwinterung.

- Warum nicht ein Biotop? Mit einem Teich, selbst wenn dieser nur klein ist, fügen Sie dem Ökosystem Ihres Gartens eine ganz neue Dimension hinzu. Die Landbewohner des Gartens haben dadurch immer Zugang zu einer Wasserstelle, und selbst kleine Gartenteiche sind oft wichtige Refugien für Frösche, Kröten, Molche, Libellen sowie verschiedene Kleinstlebewesen. Zum Beispiel die Erdkröte, die in Ihrem Garten die Anzahl der Schnecken und anderer Schädlinge niedrig hält, ist zur Fortpflanzung auf kleine, stehende Gewässer angewiesen. Schenken Sie diesem faszinierenden Tier eine Kinderstube.

- Befestigen Sie Nistkästen! In unserer Kulturlandschaft fehlen oft alte Bäume mit Spechthöhlen oder brüchige Mauern mit Ritzen, die Vögeln wie Garten- und Hausrotschwanz, verschiedenen Meisenarten oder Zwergohreulen und Wiedehopfen einen Nistplatz bieten.

Beim Lebensmitteleinkauf

Sie haben es in der Hand! Weltweit verschwinden gerade die artenreichsten Lebensräume, um Sojafeldern, Rinderfarmen und Palmölplantagen Platz zu machen. Das Gute ist, als Konsument haben Sie es jeden Tag in der Hand, diese Entwicklungen aufzuhalten. Hier ein paar Tipps! Jedem, der es genauer wissen möchte, kann ich das ausgesprochen praktische Buch »Wie schlimm sind Bananen« von Mike Berners-Lee empfehlen.

- Greifen Sie seltener zu Fleischprodukten! In puncto Artenvielfalt ist das wohl die wichtigste Empfehlung, die ich Ihnen geben kann. Die unangefochtene Nummer eins. Lassen Sie Fleischkonsum wieder etwas Besonderes sein und greifen Sie zu Produkten, die in biologischer Landwirtschaft und unter hohen Tierwohlstandards produziert wurden. Dadurch stoppen Sie die Zerstörung weltweit einzigartiger Lebensräume, die Ausrottung von Tierarten, die wir vielleicht noch gar nicht kennen, und gewähren dem Nutztier ein möglichst artgerechtes Leben. Außerdem reduzieren Sie die Gefahr von Krankheitsausbrüchen durch Zoonoseerreger, die durch Massentierhaltung begünstigt werden. Sie helfen dadurch auch mit, den Klimawandel zu stoppen, der akut ein Viertel aller Pflanzen- und Tierarten bedroht. Im Übrigen gilt moderater Fleischkonsum gegenüber dem »täglichen Schnitzel« auch als vorteilhaft für Ihre Gesundheit.

- **Regional**
  Durch regionale Lebensmittel verhindern Sie lange Transportwege, die oftmals mit hohem CO_2-Ausstoß verbunden sind. Seien Sie hier durchaus auf der Hut! Oftmals kommen auch vermeintlich regionale Produkte wie Heidelbeeren oder Spargel aus Peru und nicht aus Ihrem Umkreis. Und manchmal wird sogar der Kuchen beim Bäcker nebenan mit Palmöl gebacken.

- **Saisonal**
  Wer auf saisonale Lebensmittel setzt, verhindert sowohl die bereits erwähnten langen Transportwege aus wärmeren Ländern als auch die energieaufwändige Produktion in beheizten Glashäusern. Ein weiterer Vorteil: Wenn Sie saisonal kaufen, sparen Sie Geld. Beispielsweise kostet eine Gurke außerhalb der Saison fast doppelt so viel.

- **Bio**
  Wer Lebensmittel aus biologischer Produktion kauft, unterstützt damit einen deutlich reduzierten Einsatz

von Pestiziden und chemisch-synthetischen Pflanzenschutzmitteln und damit eine größere Artenvielfalt. Auch Ihrer eigenen Gesundheit tun Sie damit etwas Gutes, da viele synthetische Zusatzstoffe untersagt sind und biologische Lebensmittel in der Regel frei von Antibiotikarückständen sind, die die Entstehung von resistenten Keimen fördern. Informieren Sie sich allerdings in einer ruhigen Minute online über verschiedene Biosiegel. Diese unterscheiden sich oft gravierend in ihren Vorgaben.

NOCH KURZ ZUM KONSUM ABSEITS DES LEBENSMITTELBEREICHS …

Auch hier kann man eine Wahl treffen, die generell der Artenvielfalt zugutekommt. Achten Sie in jedem Bereich auf nachhaltige Produktion. Generell kann ich Ihnen in Bezug auf Konsum diesen einen Rat mitgeben, auch wenn er für keinen von uns angenehm ist: *Die beste Kaufentscheidung ist, nicht zu kaufen.*

Ich selbst wende folgenden Trick an. Wenn ich etwas unbedingt haben möchte und am liebsten sofort zuschlagen will, warte ich einen Monat lang. Möchte ich die Sache nach einem Monat noch immer haben, ist es vielleicht etwas, was ich wirklich brauche. Dann kaufe ich mit gutem Gewissen. Sie werden aber staunen, wie oft einen etwas, was man unbedingt haben wollte, einen Monat später überhaupt nicht mehr interessiert. Probieren Sie es einfach einmal aus!

IN IHRER UMGEBUNG:

Lernen Sie die Natur in Ihrer Gegend kennen! Machen Sie gerne ein Spiel daraus. Welches sind die zehn häufigsten Vogelarten, die man vor Ihrer Haustür beobachten kann? Erkennen Sie sie am Gesang? Welche fünf Insektenarten besuchen die Blumen an Ihrem Fenster? Wo haben Sie das letzte Mal einen Frosch gesehen, und wie sah er aus?

Es gibt viele solcher Fragen, die einen ermuntern, die Natur besser kennen und dadurch auch lieben zu lernen. Ich verspreche Ihnen, es wird Ihnen unglaublich guttun und Sie entspannen.

Gerne möchte ich hören, was Sie bei den Ausflügen vor Ihrer Haustür entdeckt haben. Im Nachwort finden Sie ein paar Möglichkeiten, wie Sie mir diese mitteilen können.

Eine Stimme gegen Lebensraumzerstörung. Da Sie die schlimmen Folgen übermäßiger Bodenversiegelung kennengelernt haben, beobachten Sie neue Bauprojekte aufmerksam und stellen Sie sich die Frage, ob diese wirklich einem wichtigen Zweck dienen, wie zum Beispiel einer Wohnungsnot Herr zu werden. Ist dies nicht der Fall, machen Sie Ihr Umfeld auf Ihre Bedenken aufmerksam, stellen Sie in Ihrer Heimatgemeinde die Frage nach der Umweltverträglichkeit des neuen Projekts und wie diese erfüllt werden soll. Haben Sie Mut, das Problem der Bodenversiegelung offen anzusprechen, und erklären Sie Ihren Mitmenschen, welche besonderen Lebensräume dadurch möglicherweise verloren gehen.

Bringen Sie anderen die Natur nahe! Hier sind mir vor allem Kinder ein besonderes Anliegen, aber auch viele Erwachsene freuen sich, wenn man mit ihnen auf Entdeckungsreise geht oder sie in ganz alltäglichen Situationen an den eigenen Beobachtungen teilhaben lässt.

Wichtig dabei ist: Zwingen Sie niemandem Ihr Wissen auf, sondern laden Sie ein. Die meisten werden diese Einladung dankend annehmen.

DAS TRAURIGE UND DAS SCHÖNE

Zum Abschluss dieses Buchs möchte ich Ihnen noch zwei Geschichten zum Thema Artenvielfalt erzählen. Eine ist traurig, die anderen sind schön. Sie verdeutlichen, wie ein einzelner Mensch durch sein Handeln das Schicksal einer ganzen Spezies beeinflussen kann, und soll auch Sie ermutigen. Jede Handlung, die Sie im Sinne der Artenvielfalt setzen, bedeutet etwas, egal wie klein. Was Sie tun, zählt! Es macht einen Unterschied, auch wenn man manchmal das Gegenteil denkt. In diesem Sinne: Lassen Sie uns mit der traurigen Geschichte beginnen. Einer Geschichte, die, wie die Buddhisten sagen würden, ganz von Gier, Hass und Verblendung geprägt ist. Als ich sie das erste Mal hörte, trieb sie mir die Tränen in die Augen, so nahe ging sie mir. Und sie geschah ganz in Ihrer Nähe …

DIE DEUTSCHEN PAPAGEIEN

Die Weiten Nordamerikas waren einst von einem kleinen, bunten Papagei bewohnt, dem Carolinasittich. Der Carolinasittich war die einzige Papageienart, die auf diesem Kontinent lebte. Er war wunderschön anzusehen. Sein Gefieder war am Körper grün, am Kopf gelb, mit einem rötlichen Schimmer um den Schnabel. In riesigen Schwärmen streiften diese extrem sozialen Tiere durch alte Platanenwälder, Zypressensümpfe oder entlang der Ufer bewaldeter Flussläufe. Fanden sie einen Baum, der Früchte trug, kreisten sie zuerst über ihm, um sich dann so eng beieinander niederzulassen, dass zwischen den Vögeln kein Platz mehr blieb. Mit der Ankunft der Weißen wurden die alten Wälder, die er bewohnte, und damit seine Brutplätze zunehmend zerstört. Dafür begannen die Carolinasittiche über neu angelegte Felder und Obstplantagen herzufallen und wurden rasch als Schädlinge betrachtet.

Ein Vogelmaler aus dem neunzehnten Jahrhundert beschreibt geradezu malerisch, wie sich Schwärme von Carolinasittichen so dicht über Korngarben niederließen, dass es aussah, als wären diese mit einem farbenfrohen Teppich überzogen. Das ließen sich die Farmer nicht gern gefallen und bekämpften und bejagten den Carolinasittich, wo immer sie ihn fanden. Bereits im neunzehnten Jahrhundert war er aus vielen Gebieten seiner alten Heimat verschwunden, um 1900 erwarteten damalige Ornithologen sein baldiges Aussterben, als nur noch eine kleine Population in Florida existierte. Wenige Jahre später war es dann so weit. Im Jahr 1918 starb der letzte Carolinasittich *Incas* im Zoo von Cincinnati. Wie gesagt, Carolinasittiche sind sehr soziale Vögel. Incas hatte zuvor über dreißig Jahre lang mit seiner Partnerin zusammengelebt. Als diese starb, folgte er ihr kurz darauf. Vielleicht war Incas gar nicht der letzte Carolinasittich Nordamerikas. Es gibt Hinweise, dass ein paar wildlebende Exemplare noch bis in die zwanziger Jahre hinein in Florida überlebten, aber das Ergebnis blieb leider das gleiche: Der Carolinasittich verschwand. Von den ehemals riesigen Schwärmen war nichts geblieben.

Vielleicht haben Sie sogar schon von diesem Vogel und seinem Aussterben gehört. Aber was nun folgt, wird Ihnen wahrscheinlich nicht geläufig sein. Der Carolinasittich wäre nämlich um ein Haar gerettet worden. Und zwar mitten in Deutschland. Der Berufsoffizier und Ornithologe Hans Freiherr von Berlepsch, einer der Begründer des wissenschaftlichen und praktischen Vogelschutzes, den seine Zeitgenossen auch »den Vogelbaron« nannten, hielt seit 1874 in Deutschland Carolinasittiche. Er ließ sie frei fliegen, und die Carolinasittiche bildeten in der Umgebung seines Anwesens bald eine kleine, aber stabile Population, sehr zur Freude des Vogelbarons.

Eines Tages allerdings, es war um die Weihnachtsfeiertage, bemerkte er, dass die meisten Carolinasittiche verschwunden waren. Nur einige wenige waren noch zu sehen. Am nächsten Tag waren auch diese verschwunden.

Berlepsch begab sich auf die Suche nach seinen Carolinasittichen, konnte sie aber nirgends finden. Die Vögel blieben spurlos verschwunden, ihr Schicksal ungewiss.

Jahrzehnte später, im Jahr 1929, kehrte Berlepsch in eine Dorfschenke ein, die etwa fünfzig Kilometer von seinem Anwesen entfernt war. Dort entdeckte er durch Zufall ein paar rauchschwarze Carolinasittich-Bälge. Der Wirt erzählte ihm daraufhin die folgende Geschichte.

Vor langer Zeit hätten sich diese »komischen Vögel« auf der Hoflinde niedergelassen. Sein verstorbener Vater habe sich daraufhin die Flinte geschnappt und sie einen nach dem anderen vom Baum geschossen. Einen Tag später hatte er auch den letzten von ihnen erwischt.

Die Geschichte scheint schwer vorstellbar, denn normalerweise würde ein Schuss dazu führen, dass sich der Rest eines Vogelschwarms sofort auf Nimmerwiedersehen davonmacht. Nicht so die Carolinasittiche. Ich habe Ihnen ja erzählt, wie sozial diese Vögel gewesen sein müssen. Der Sohn des verstorbenen Wirts berichtete, dass die Überlebenden die abgeschossenen Sittiche nicht im Stich ließen. Sie flatterten um sie herum und umringten sie. Immerhin handelte es sich wohl um ihre Familienmitglieder oder sogar um ihre Lebenspartner, deren Tod ihnen das Herz brach, wie damals dem gefangenen Incas, nachdem seine Partnerin gestorben war. Der Wirt fand die *Dummheit* der Vögel vielleicht unterhaltsam. Jedenfalls nutzte er gnadenlos aus, dass die Sittiche an der Seite ihrer Lieben blieben, und tötete sie bis auf das letzte Exemplar ...

Ich kann mir heute nicht mehr ansatzweise vorstellen, was diesen Mann zu dieser gewissenlosen Handlung bewegt hat. Vielleicht waren die Sittiche zu laut, vielleicht wollte er ihre bunten Federn aus der Nähe bewundern ... Für mich rechtfertigt aber kein Grund dieser Welt, sie bis auf den letzten abzuschießen, außer der primitiven Lust am Töten. Dass diese Papageien vielleicht die letzte Hoffnung ihrer Art waren, wusste der Wirt damals natürlich nicht. Trotzdem lässt einen diese Geschichte fassungslos und traurig zurück.

DIE AUFERSTEHUNG DES WISENTS

Unsere Handlungen haben Konsequenzen, zum Guten wie zum Schlechten. Das hat uns auch ein langjähriger Weggefährte der Menschheit gezeigt: der europäische Bison, auch Wisent genannt. Schon steinzeitliche Höhlenmalereien zeigen, wie beeindruckt unsere Vorfahren von diesem Tier waren, wie sehr sie es trotz ihrer Bejagung verehrten. Dieses urtümliche Wildrind war früher beinahe in ganz Europa heimisch. Doch mit dem Wachsen der Bevölkerung, der Rodung von Urwäldern und Waldsteppen zugunsten von landwirtschaftlicher Fläche wurde der Wisent immer weiter zurückgedrängt, bis in die entlegensten und unzugänglichsten Gebiete, wo er trotz seiner beträchtlichen Größe fast so geisterhaft und zurückgezogen lebte, als sei er ein Fabeltier. Seinem Verwandten, dem Auerochsen, dem Stammvater unseres Hausrinds, erging es noch schlechter. Im siebzehnten Jahrhundert wurden die letzten Auerochsen erlegt. Ein Tier, das einen so großen Einfluss auf die Menschheit gehabt hatte, lebte nur noch in den Genen seiner domestizierten Nachkommen weiter. Was den Auerochsen anbelangt, so hat man versucht, besonders alte Rinderrassen »rückzukreuzen« und hat dadurch ein Rind erlangt, das viele Merkmale mit dem ausgestorbenen Auerochsen teilt. Diese Rinder werden gerne in europäischen Nationalparks eingesetzt, um eine sanfte Beweidung zu gewährleisten, die jener entspricht, die früher durch wilde Huftiere praktiziert wurde. Dadurch werden besonders artenreiche, offene Landschaftstypen an der Verbuschung gehindert.

Doch trotz dieser Rückzüchtung bleibt der ursprüngliche Auerochse leider ausgestorben. Ein Schicksal, das sich lange Zeit auch für den Wisent abzeichnete. Im Jahr 1927 wurde der letzte von ihnen in freier Wildbahn im Kaukasus geschossen. Kurz davor hatte Jan Sztolcman, Ornithologe und Vizedirektor des Zoologischen Museums in Warschau, erkannt, wie nahe die Art dem Aussterben gekommen war.

Er beschloss, etwas zu unternehmen. 1923 reiste er zum Internationalen Naturschutzkongress nach Paris. Dort machte er auf die Lage des Wisents aufmerksam und rief die internationale Gemeinschaft vehement dazu auf, alles zu tun, um den europäischen Bison vor dem Aussterben zu retten. Auf sein Betreiben hin wurde die Gesellschaft zur Erhaltung des Wisents gegründet, an der sich verblüffend viele Zoos, aber auch Privatpersonen beteiligten. So schnell wie möglich identifizierte die Gesellschaft alle noch in Gefangenschaft lebenden Wisente und begann ein Zuchtprogramm, um die Art zu retten. Zunächst schien es, als wären es zu wenig Tiere, um Inzucht zu vermeiden, aber allmählich konnten immer mehr Wisente erworben werden. In den späteren zwanziger und dreißiger Jahren stellten sich die ersten vorsichtigen Zuchterfolge ein. Zentrum der Wisentzucht wurde rasch das polnische Białowieża, das nahe der Grenze zu Belarus liegt. In diesem Gebiet, das heute ein Nationalpark ist, liegt der größte Urwald Europas. In seinen Tiefen hatten sich wildlebende Wisente noch lange halten können, und so schien es naheliegend, dass von dort aus die Wiederansiedlung des Wisents einen neuen Anfang nehmen könnte. Doch so weit sollte es zunächst nicht kommen, denn der Zweite Weltkrieg brach aus und drohte den Wisent erneut auszulöschen. Die ersten Kriegsjahre überstanden die Wisente in Białowieża relativ unbeschadet, vielleicht weil Deutschland vor dem Krieg ziemlich engagiert im Programm zur Rettung des Wisents war. Doch damit war spätestens 1944 Schluss. Damals zog sich die deutsche Wehrmacht aus Białowieża zurück.

Die Rote Armee rückte auf breiter Front heran. Heerscharen von Soldaten, die einen entbehrungsreichen, langen Marsch hinter sich hatten und nicht wussten, ob sie am nächsten Tag in einem Gefecht das Leben verlieren würden. Würden diese Soldaten begreifen, dass es sich um die letzten Wisente handelte und sie in Ruhe lassen? Das war wohl reines Wunschdenken. Die Betreuer der Wisente wussten das. Also fassten sie einen verzweifelten Plan. Wenn nicht alles, woran sie jahrelang gearbeitet hatten, umsonst gewesen sein sollte, dann mussten sie etwas wagen.

Kurz bevor die Rote Armee Polen erreichte, öffneten sie die Gatter und trieben ihre Schützlinge tief in die Urwälder von Białowieża hinein. Die Tiere waren an Menschen gewöhnt. Würden sie sich den Soldaten zeigen und damit alles zunichte machen?

Tatsächlich taten die Wisente, was ihre Betreuer gehofft hatten. Sie hielten sich ausreichend lang verborgen, um zu überleben. Sobald 1946 wieder eine polnische Regierung stand, verabschiedete diese sofort strenge Schutzmaßnahmen für den Wisent, und das Erhaltungsprogramm wurde mit Volldampf wieder aufgenommen. Um den Bestand möglichst vielfältig zu halten, wird die Zucht in internationaler Kooperation koordiniert, und von den mittlerweile ein paar tausenden Wisenten leben über sechzig Prozent in freier Wildbahn. Viele im Urwald von Białowieża und anderen entlegenen Gegenden Osteuropas. Mittlerweile durchstreifen auch einige Herden das Sperrgebiet um den Schrottreaktor Tschernobyl, eine einsame Wildnis, wo sie ungestört von menschlicher Einflussnahme leben, wie vor vielen tausend Jahren.

Vielleicht wird das stellenweise auch im deutschsprachigen Gebiet der Fall sein. Im deutschen Rothaargebirge bewohnt bereits seit 2014 eine kleine Gruppe freilebender Wisente den Wald. Doch damit eine Herde stabil bleibt und auf Dauer unabhängig vom Menschen überleben kann, sollte sie aus mindestens hundert Tieren bestehen. Ob wir in unserer dichtbesiedelten Kulturlandschaft dafür genug Platz aufbringen können (oder wollen), bleibt fraglich. Trotzdem ist es wunderschön zu wissen, dass diese imposanten Tiere wieder in freier Wildbahn leben und beobachtet werden können. Und das dank des Einsatzes von ein paar Menschen, die nicht akzeptieren wollten, dass der Wisent verschwindet wie sein Vetter, der Auerochse.

AUCH IM KLEINEN IST VIELES MÖGLICH

Es muss vielleicht nicht immer gleich eine ganze Spezies sein, die man vor dem Aussterben bewahrt, und man muss keine ausgebildete Fachkraft sein, um einen Unterschied zu machen. Immer wieder hört man von Menschen, die

Großartiges für den Artenschutz leisten und damit dafür, dass die Geheimnisse und Schätze der Artenvielfalt für uns erhalten bleiben.

Kürzlich hörte ich von zwei Pensionisten, die ehrenamtlich begonnen haben, Nistkästen für Steinkäuze anfertigen zu lassen. Steinkäuze sind kleine Eulen, die bequem in Ihrer Handfläche Platz finden würden. Ihr lateinischer Name *Athene noctua* erinnert an die Rolle, die der Steinkauz in der griechischen Mythologie gespielt hat. Er war der Gefährte und Freund der Weisheitsgöttin, Pallas Athene, auf deren Schulter er es sich mit Vorliebe bequem machte. Leider sind Steinkauzbestände fast überall rapide rückläufig. Es sind Vögel der abwechslungsreichen Kulturlandschaft mit alten Gehöften, Hecken und Streuobstwiesen. In solchen Gegenden konnte man Steinkäuze früher häufig beobachten, da es sich um tagaktive Eulen handelt. In der Gegend, wo die beiden Pensionisten ihre großartige Initiative starteten, im Burgenland im Osten Österreichs, war der Bestand bis auf vier Brutpaare geschrumpft. Innerhalb einiger Jahre konnte durch ihren bewundernswerten Einsatz der Bestand des Steinkauzes in der Region auf beinahe sechzig Brutpaare gesteigert werden. Ein wunderschöner Erfolg und reine Eigeninitiative.

Aus diesem Grund ist es mir so ein Anliegen, Sie einzuladen, die Natur in Ihrer Umgebung kennen und lieben zu lernen. Einen Bekannten, der sich einen alten Bauernhof gekauft hat und diesen nun Stück für Stück wieder auf Vordermann bringt, fragte ich unlängst, ob er im Sommer denn eine Reise planen würde. Er runzelte die Stirn, als müsste er eine Weile über die Frage nachdenken.

»Weißt du«, meinte er, »ich bin doch noch immer dabei, die Natur in meinem Garten verstehen zu lernen.«

Ich glaube, eine bessere Antwort hätte er mir nicht geben können. Nehmen Sie sich also ein Bestimmungsbuch zur Hand und steigen Sie durch den Hasenbau ins Wunderland hinab. Sie werden vielleicht zu Recht sagen, dass der Igel in Ihrem Garten, die Mauersegler an der Hausfront gegenüber oder die Wildbienen im Insektenhotel auf Ihrem Balkon keinen Unterschied machen, schließlich gehören sie ja nicht zur Auswahl der »medizinisch interessanten« Tierarten, die ich Ihnen in diesem Buch vorgestellt habe.

Während ich über diese Frage nachdenke und die letzten Zeilen dieses Buchs schreibe, sitze ich vor einer Almhütte in den steirischen Alpen.

Die Sonne scheint, nur an den Gipfeln bleiben ein paar Wolkenfetzen hängen. Das Einzige, was ich höre, ist der Wind, der durch Fichten und Lärchenkronen rauscht. Ich beobachte, wie ein paar junge Mäusebussarde ihre Flügel spreizen, um ihren Eltern auf ihrem ersten Flug zu folgen. Die Eltern schrauben sich in der Thermik höher und höher und scheinen die Jungvögel mit lauten Rufen zu ermutigen. Auf ganz seltsame Weise bin ich plötzlich fünf Jahre alt und erinnere mich, wie mein Vater mich sanft in die Alte Donau bei Wien schubst, weil er weiß, dass ich längst schwimmen kann, mich nur nicht traute. Die Erinnerung verblasst. Die jungen Bussarde wagen den Absprung und folgen ihren Eltern auf wackeligen Flügeln in den Himmel. Ihre Rufe klingen furchtsam, aber auch euphorisch. Ich beobachte sie so lang, bis ich sie im grellen Sonnenlicht nicht mehr ausmachen kann.

Wir müssen die Tierwelt gar nicht nach ihrem Nutzen für uns bewerten. Sie ist ein kostbares Geschenk, das uns allein durch ihr Dasein erfreut, so wie es Christentum, Judentum und Islam erkannt haben. Wir sind eng mit ihr verbunden, so wie man es im Buddhismus und im Hinduismus sieht.

Unsere Aufgabe ist allein, sie zu schützen und mit Neugier und Begeisterung zu erforschen. Ich bin aus tiefstem Herzen überzeugt, dass wir das schaffen.

Wir können!

Wir müssen ...

NACHWORT

Danke, dass Sie diese kurze Reise durch die Schatztruhe der Artenvielfalt unternommen haben. Kontakt zu meinen Leserinnen und Lesern ist mir sehr wichtig. Zu diesem Zweck betreibe ich einen natürlich kostenlosen Newsletter, den ich einmal im Monat an Interessierte versende. Darin bekommen Sie jeden Monat interessante Fakten aus Medizin und Natur zugesandt und ein paar Neuigkeiten über meine aktuellen Projekte als Sachbuch- und Krimiautor. Gerne beantworte ich dabei natürlich auch alle Ihre Fragen. Ich freue mich auf Ihre Anmeldung unter *www.reneanour.com/*

anmeldung. Alternativ finden Sie mich auf Instagram unter *@reneanour_autor* oder auf Facebook unter *@anournovels.*

DANKSAGUNG

Sehr viele Leute tragen Anteil an der Entstehung dieses Buchs, von denen ich an dieser Stelle nur ein paar hervorheben möchte.

Moritz Machthuber hat, noch bevor wir uns kannten, geholfen, dass dieses Projekt entstehen kann.

Bernhard Sengstschmid, der sich selber im Bereich Natur, und Artenschutz engagiert, wurde für dieses Projekt »wieder Mal« zum Glücksbringer.

Das Team der *edition a*, allen voran Bernhard Salomon, Sebastian Maurer und Cajetan Hammerl, die dieses Projekt mit sehr viel Einsatz und Herzblut unterstützen.

Und außerdem natürlich meiner Familie und meinen Freunden, deren einzelne Nennung ich hier ausgespart lasse, die aber jedes Lob verdienen, da sie meine Naturbegeisterung täglich mit aller Gelassenheit ertragen.

DALAI LAMA
GRETA THUNBERG

im Gespräch mit führenden Wissenschaftlern

Kreisläufe des Klimawandels

Wie Klima Feedback Loops die Welt zerstören oder retten werden

Herausgegeben von
Susan Bauer-Wu & Thupten Jinpa

edition a

Greta Thunberg, Dalai Lama
Kreisläufe des Klimawandels -
Wie Klima Feedback Loops die Welt zerstören
oder retten werden

Greta Thunberg und der Dalai Lama trafen sich,
um das größte Problem, vor dem die Menschheit je stand, zu besprechen. Das Thema der beiden großen Lichtgestalten unserer Zeit waren
die sogenannten Klima-Feedback-Loops, also
sich selbst verstärkende Kreisläufe, die den Planeten zerstören, aber auch retten können. Aus
ihrem Gespräch, das sie gemeinsam mit einigen der renommiertesten KlimaforscherInnen
der Welt führten, entstand dieses Buch. Sein
Inhalt ist aufschlussreich, präzise, dramatisch
und dennoch optimistisch, denn es zeigt auch,
was wir alle jetzt noch tun können.

224 Seiten, 22 €
ISBN: 978-3-99001-529-2